U0003049

黃金的妙用

奈米黃金在生活和醫療的應用與功效

唐上文、陳嘉南、黃怡慧 著

【推薦序】

奈米金的妙用，金銀財寶，適量最好

台灣大學高分子科學與工程學研究所特聘教授 徐善慧

在此跟大家分享我使用奈米金的經驗。十年前，我使用京華堂的奈米金進行基礎研究，首先加入水性聚胺酯高分子中，發現在加入一定少量的奈米金或銀時，材料的各種性質，包括生物相容性，都有明顯的提升，但當超過這個一定量時，奈米金的效應就逐漸遞減了。

我們隨後又試了幾種不同的高分子材料，包括天然的幾丁聚醣等，結果也發現，無論是在哪一個材料中，加入的奈米金或銀只需要一定的量，即可提升材料的各種性質。

至於為什麼會有這樣的現象呢？究其原因，我們猜測是因為在這些材料中，奈米金會與材料的-N-基產生交互作用，造成特殊的效應；而過量的奈米金則會產生聚集，反而影響了兩者間正面的交互作用，降低了它的效應。這個發現很有意思，因為使用少量奈米金，即可改善材料的性質，成本不會增加太多；做為生醫材料，具有抗發炎的效果，未來這樣的複合材料可發展應用於醫療器材中，帶給人類福祉。奈米金其實還有其他醫療相關應用，未來在醫療產業中也會扮演多重要角，提升人類的生活品質，推薦大家一起來見證奈米黃金的應用發展。

【推薦序】

醫美與奈米金的完美相遇

淨妍診所總院長、醫師 陳俊光

黃金自古以來被認為是非常安定的材料，除做為有價的飾品與貨幣保值外，也會打成薄片包裹在藥丸外面，以協助藥丸保存，因而衍生出中醫引金入藥的作法。除此之外，印度、埃及與歐洲，在很久之前就有使用黃金的醫藥紀錄。

黃金具有極佳的生物相容性，應用在假牙與心血管支架等醫療器材上，可減少生物體的發炎現象。醫美拉皮手術上也有類似的應用，在縫合的羊腸線上披覆奈米黃金，能有效減低使用者的發炎問題，縮短恢復期。在中國和日本，有在茶、酒、餐宴中，加入金箔養生的飲食文化；在醫學美容領域的應用，甚至可以追溯到古埃及時代；這些訊息告訴我們，黃金的應用比我們想像的更廣，也更貼近我們的生活。

現在，因為奈米科技的應用，讓奈米黃金可以更有效率的與醫學美容、美妝保養品結合。奈米黃金具有抗自由基的能力，在歐美，奈米黃金被廣泛應用在除皺、美白等化妝保養品當中；尤其奈米黃金具有載體的性質，可協助保養品有效吸收。在組織工程學證實，奈米黃金可促進纖維母細胞增生，增加膠原蛋白的生成，促進角質細胞更新代謝，協助傷口的癒合，這些性質讓奈米黃金在醫學美容的應用，出現無限的可能性。

這本書集結古今中外的黃金應用，橫跨日常生活、醫學美容與生技醫療，協助我們了解傳聞與迷思，帶著我們瀏覽黃金的多角化面貌，真心推薦大家一起細心閱讀。

【推薦序】當奈米科技與黃金相遇

天主教輔仁大學理工學院副院長 陳翰民

黃金是人類最珍惜的貴金屬，也是最保值的貨幣。奈米與生物科技是當今最熱門的科學研究領域，對人類生活品質的提升影響深遠。

當這兩者相遇，會擦出樣的火花？

長久以來，除裝飾與交易行為外，黃金早已用於食品裝飾，並用於傳統的實證醫療（evidence-based medication）。而奈米微小化後的金，亦即奈米金（nanogold particles, AuNPS），由於其保留了黃金的特性，更增添了奈米化後物質的反應性，全世界早已有無數研究指出，其在抗發炎與抑制癌細胞生長的應用可能性。

在台灣，已有奈米金屬材料的先驅者，除提供奈米金給國內外各大酒廠做為酒類添加外，其世界獨步的物理製程奈米金，亦與大學研究機構合作從事奈米金生醫功能開發研究，論文發表無數。在華人世界，該業者早已扮演奈米金應用最佳的催化劑，在銷售與研究應用上獨領風騷，成為華人奈米金領導品牌。

眾所皆知，黃金或奈米金的應用很廣泛，當今醫學界對其期待亦很高。然而由於社會普羅大眾認為「黃金是重金屬之一」，一般對於黃金或奈米金的應用，多半停留在美容產品，並對其安全性存疑。隨著近來食安事件頻傳，民眾漸漸能夠了解體會，水能載舟亦能覆舟，任何有效成分於安全合理的劑量攝取，可以改善生理狀況；而即便是食鹽，過量的攝取卻也可能導致嚴重的後果。毒藥與解藥，往往是一線之隔，奈米金的應用，也需了解其毒理，確定其合理使用劑量與範圍。

本書作者群以自身產業與研發經驗，彙整介紹奈米金在生醫領域的廣泛應用，同時向大眾傳遞正確的奈米金毒理知識，實盡奈米產業發展不可或缺之社會責任，僅此推薦您細細閱讀。

【推薦序】奈米金在生技醫療的突破性應用

台北醫學大學保健營養學系教授 楊素卿

飲酒是人類文明發展的一部分，也是應酬文化裡重要的一環，根據經濟部工業局統計，台灣國內酒精飲料製造銷售額，二〇〇二年為三百二十七點二九億元，二〇〇九年達到三百四十八點二四億元；近年來酒商的行銷策略，成功把飲酒行為轉變成品味、時尚與菁英的形象，讓飲酒的族群有逐年增長的趨勢。

酒精代謝會產生乙醛，釀酒過程中也會產生乙醛，研究顯示，東方人因遺傳因素，代謝乙醛能力較差，所以容易堆積在體內產生毒性，造成脂肪肝、酒精性肝炎以及肝硬化等問題，若不及時治療，更會引起肝癌。乙醛除了造成肝臟毒性外，酒類飲品中的辛辣口感，也是由乙醛造成的；已有研究顯示，奈米黃金具有觸媒活性，可在酒精性飲品中發揮作用，將乙醛氧化成酯類；動物實驗也證實，奈米金箔可以降低酒精性肝損傷，這顯示出奈米金在不同領域的可能應用價值。

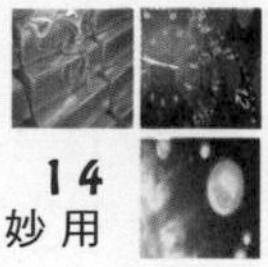

近年來，越來越多的研究顯示，奈米金在生技醫療出現突破性的應用，很多都超乎我們的想像，也極有可能成為下一個世紀，提升人類生活品質的關鍵。本書彙整許多目前的應用發展，讓讀者能夠輕鬆了解新一代的應用科技，值得大家一起細心品味，誠摯予以推薦。

【推薦序】

奈米金能協助傷口癒合

高雄義大醫院皮膚科主任 劉懿珊

黃金具有很好的生物相容性，很早就被認定具有美容的功效，歐美以微創的方式，將金絲植入真皮層，讓膠原蛋白增生，達到延緩肌膚老化的目的。但是難免會遇到傷口照護不周，導致出現疤痕的問題，更別說手術中與恢復期間的疼痛與不適感。

現代因為奈米技術的出現，讓黃金在美容方面功效有不同的應用方式，奈米金具有載體的功用，能協助保養品更有效的吸收。在糖尿病患者傷口癒合的動物模式研究顯示，奈米金可以降低發炎反應，促進膠原蛋白的生成和角質細胞更新代謝，協助傷口癒合。現今醫美的操作模式，都是先破壞再修復，來達到改善皮膚狀況的目的，奈米金在傷口癒合的研究結果，顯示出未來在醫美或醫療需求下的應用。

本書作者用心匯集很多的研發應用，甚至整理歸納出黃金材料的應用規格與條件，讓讀者在分享科技的應用價值之前，同時也為讀者分析可能性的潛在風險，值得讀者們收藏，非常誠心推薦給讀者大眾。

【推薦序】治療癌症的新曙光

台灣癌症基金會執行長、萬芳醫院癌症中心副主任
萬芳醫院血液腫瘤科主任　賴基銘

癌症已是台灣三十一年來國人第一大死因。過去五十年來，傳統的化療藥物已廣泛被使用於癌症病患，但這些藥物治療，病人必須忍受極大痛苦與副作用，可惜的是，最終仍難有效延長病患生命，更遑論可以完全治癒癌症病患。

最近十五年來，新一代的化療藥物——標靶藥物上市，初期有非常好的療效，且副作用相對於傳統化療藥物低。但這類標靶藥物價格昂貴，且並非所有癌症病患皆可適用。現今癌症的治療仍然面臨了巨大難題，數十年來我們向癌症宣戰仍無法有效戰勝癌症。奈米金是一新興的高科技產品，近十年來，已被充分應用於醫藥領域，包括影像應用（X射線影像、螢光、光學影像等）、治療應用（藥物輸送、熱療、放療等）及診斷應用（核酸偵測、蛋白偵測等）。許多的藥物專家認為，奈米

金可能是新一代可以信賴的藥物輸送攜帶者。

許多的化療藥物具有非常好的療效，但可惜的是毒性及副作用太大，臨床很難廣泛用於病患之治療。目前，許多的藥物開發公司，將新藥開發聚焦在新劑型藥物開發，重新將老藥（學名藥）使用新劑型工藝，讓該藥物保有治療活性，但使用劑量比原來低，投藥頻率比原來少，降低毒性與副作用。台灣有一家非常知名的微脂體藥物開發公司已聚焦在此類藥物的開發。

台灣在奈米金的研發與製造具有突出表現，使用獨特的物理性製程，讓其所生產之奈米金純度達99.99%，應用於化療藥物當作載體，具有非常好的競爭優勢。我們更期盼台灣有奈米金藥物公司的成立，精進新藥開發技術，讓原來不易使用在臨床的藥物能發揮療效，降低副作用與毒性，造福癌症病患，讓台灣在抗癌藥物發展能與世界一級大藥廠競爭。

本書多位作者深入淺出介紹黃金的加工與應用，必讓讀者大開眼界。顛覆了我們對黃金的刻板印象與認知，原來黃金不是只用來當作貨幣、投資的工具或飾品；透過創新製程工藝，讓黃金可以奈米化、標準化、規格化、食用化、藥用化、催熟化等；讓黃金這個大家非常喜愛的礦物，有了更新的應用價值，用於藥物開發、釀造好酒、美容抗衰老等。本書將黃金鉅細靡遺，且深入淺出介紹黃金的應用，讓讀者了解此新的科技與應用，值得細細思量與品味，因此予以鄭重推薦。

【作者序】進入黃金的全新世界

唐上文

黃金對人體真的有好處嗎？是千年的傳統醫學迷失呢？還是真有其藥理效能，尚待著新的生物技術科學證實？

早在明代李時珍的《本草綱目》就已記載著黃金有安定心神的效果；而中古時期的歐洲煉金士將黃金粉加入飲料裡，來減輕患者的四肢疼痛；印度也有傳承吃金壯陽的養身習慣。如今金箔這樣的傳統藥材，卻因缺乏更先進的生產技術，因而在食品及醫藥發展上停滯，這歷經數千年臨床統計的經驗，是否能透過現代的奈米加工技術及生物科學實證而再度發揚光大？

我一開始從事的是真空氣相應用技術開發，前期研究的是ITO（Indium Tin Oxide）及以金、銀材料為主的EMI（Electromagnetic interference）PVD製程均相分布技術研究，後來開始發展高純度的金、銀超細粉末的製程技術。

在一次法蘭克福的國際展會上，公司接應到一組國際餐飲通路客戶，他希望能透過我們的技術開發出 9999 的純金食用金箔和金粉，當時覺得利用PVD製程開發食品用金箔是不可能的任務，但終究還是被這有趣的挑戰吸引，一頭栽了進去。

經過兩年，一九九六年，終於製作出從未見過的黑色粉末（後來才知道是奈米金粉）；接著又開發出懸浮在水中的紫色奈米顆粒，接續又發展出冷凝技術，解決了奈米金箔的生產技術。興奮之際，一邊聯繫客戶準備申報出口，一邊找研究單位詢問這些特殊的奈米顆粒有什麼用途和蒐集文獻，只記得當時多數在描述在一氧化碳觸媒的工業研究。當下我知道我已進入黃金的全新世界了。

由於當時台灣衛生署並沒有將金箔列入食品材料，所以若要將奈米純金金箔以食品類別販售，必須先向衛生署辦理黃金的添加物增列，然後才能申請食用金箔的添加物許可證；也就是說必須佐證金箔的食用安全性，這對我來說似乎像開發新藥一樣複雜。

後來經中醫師公會協助，推薦我與中國醫藥大學蔡金川教授合作，開始進行LD50（急性毒性評估）及亞急毒性安全評估試驗；並建議針對免疫疾病之治療，如類風濕關節炎等之使用、免疫調控、抗癌等與肝癌動物模式，評估微粒金箔是否有其他正面的功效。這個研究案正式開起奈米金醫藥發展的歷史重要一頁。

二〇〇二年正值奈米熱時代，我與蔡教授的研究成果，受到學研及藥界關注，於是當時受邀參與財團法人生物技術開發中心，執行的經濟部中草藥四年開發計畫之「免疫調節與抗老化中草藥活性物質開發計畫」。在研究計畫中，不僅開啟奈米金在生技醫藥領域的相關研究，也在AAALAC國際認證之GLP（Good Laboratory Practice，優良實驗室操作規範）的認證規格實驗室，完成3～5nm奈米金急毒性試驗、*Ames test*、微小核分析、染色體斷裂分析。隨後進一步完成口服及針劑上的動力學研究。更在二〇〇六年完成九十天的口服亞慢毒理試驗。

這十多年來，不斷的反覆印證奈米金的使用安全性，與生技醫療開發的應用價值，同時也必須兼顧專利布局，歷程雖辛苦，但是不僅奠定京華堂成為台灣唯一的合格食用奈米金箔製造廠商的地位，也成為奈米金最專業的研究公司。為了更專注奈米金藥物的發展，二〇一三年八月，與陳嘉南博士設立「華上生技醫藥股份有限公司」，持續為奈米金應用在腫瘤治療的方向繼續邁進。

由於長期供應食用金給「台灣菸酒公司」及「金門酒廠」開發黃金酒，讓我對食用奈米金箔與酒類熟成關係有很大的研究興趣，所以在二〇〇六年及二〇〇九年，兩度與台北醫學大學楊素卿教授合作研究「奈米金對於大白鼠酒精性肝臟疾病之影響」，從體重、肝功能、脂質代謝、抗氧化能力、肝臟TNF-α濃度及肝臟病理判讀等方向，結果說明奈米食用金箔的添加，可能具有改善長期攝取酒精所導致之發炎現象。為具體實現研發成果，就著手規劃擴展「金釀黃金酒廠」的事業版圖，將材料科學的本質，由生技醫療發展再投資到民生應用領域。

奈米金已證實是下一個世紀的生技醫藥發展重點，不論在食品保健、酒類熟成、新藥發展、藥物載體、複合醫材、醫美運用、生物晶片等已有明確的發展，我們將秉著材料為科學之母的精神，持續實踐新材料科學的應用發展，為提供人類更好的健康生活品質而努力。

奈米金研究發展事記：

一九九六年　成功開發PVD（Physical Vapor Deposition）超純製程奈米無機材料

二〇〇一年　投入奈米金材料安全及藥理試驗評估

二〇〇一年　委託弘光科技大學食品營養學系林麗雲老師「奈米金促進酒類熟成之研究」

二〇〇二年　與台灣大學物理學系林敏聰老師合作「奈米金屬粒子物性量測」

二〇〇二年　與中央研究院生農所合作研究「奈米金在生命科學的應用」

二〇〇二年　與元智大學林昇佃老師合作研究「奈米金屬觸媒運用」

二〇〇二年　獲得台灣衛生主管機關核發全台唯一合法的食用金箔許可證

二〇〇三年　京華堂參與財團法人生物技術開發中心的經濟部科技研究發展專案計畫，「91～93年度免疫調節與抗老化中草藥產品開發奈米中藥材生物活性物質之開發」

二〇〇三年　獲得全台灣唯一合法的「金屬食品材料生產工廠」證號
與台灣唯一官方酒廠（台灣菸酒股份有限公司）合作黃金酒系迄今

二〇〇三年　於世界級公信單位北美科學學會（North American Science Associates Inc.,NAMSA）完成京華金與京華銀的皮膚刺激性及敏感性測試

二〇〇四年　與台灣大學高分子科學與工程學研究所徐善慧教授合作，探討生醫材料：水性聚胺酯（polyurethane; PU）奈米金、銀複合材研究

二〇〇六年　南台科技大學生物科技系陳翼鵬博士合作研究「以奈米粒子研究肝臟感染對黏著分子分布影響」

二〇〇六年　台北醫學大學楊素卿教授首次探討「奈米金對於大白鼠酒精性肝臟疾病之影響」

二〇〇六年　完成九十天亞慢毒性試驗，使京華金成為全球唯一依據新藥開發標準，完成食用金安全性認證，為全球第一暨最高安全規格的食用金。

二〇〇六年　研發以金粒取代針頭之無針式液態藥物投遞系統

二〇〇六年　委託北京清華大學材料工程學系閆允杰高級工程師做奈米金箔高階影像分析

二〇〇六年　委託工業技術研究院生技與醫藥研究所做「金屬活性物質應用於傷口敷料之動物實驗研究」

二〇〇七年　南台科技大學生物科技系陳翼鵬老師合作研究「物理製程奈米黃金與樟芝子實體萃取液單獨或合併使用對皮膚細胞功能影響的評估」

二〇〇七年　參與財團法人食品工業發展研究所，中小企業即時技術輔導計畫「奈米金在食品及生技領域之創新應用評估」

二〇〇八年　與國立海洋大學食品科學系吳彰哲教授及三總謝達士醫師合作「奈米金與生物活性物質結合之新藥開發」研究計畫

二〇〇八年　委託輔仁大學陳翰民老師「以蛋白質體學方法探討奈米金對於人類骨髓癌細胞生長抑制與毒殺機制」

二〇〇九年　與財團法人金屬發展中心合作，於南部生技醫藥器材產業聚落計畫發展「新型人體真皮層設備輸送系統及生醫級奈米金開發計畫」

二〇〇九年　擴大與台北醫學大學楊素卿教授探討「奈米金對於大白鼠酒精性肝臟疾病之影響」

二〇一〇年　與輔仁大學推動整合型研究計畫「開發奈米金材料於生醫與食品的功能與應用」

二〇一〇年　參與輔仁大學「教育部轉譯醫學人才培育計畫」

二〇一一年　與財團法人生物技術開發中心共同開發奈米金申請FDA之Type IV Excipient

二〇一二年　輔仁大學生命科學系所梁耀仁副教授合作「物理性奈米金與表沒食子兒茶素沒食子酸酯EGCG混合共同投與應用於傷口癒合之動物評估試驗」

二〇一二年　委託台灣科技大學洪伯達教授「奈米金粒子結合抗氧化物EGCG多酚在惡性黑色素腫瘤凋亡之細胞與動物模式評估」

二〇一三年　與陳嘉南博士設立「華上生技醫藥股份有限公司」延續奈米金運用在抗腫瘤藥物開發

二〇一三年　於宜蘭蘇澳龍德工業區設立金釀黃金酒廠

contents

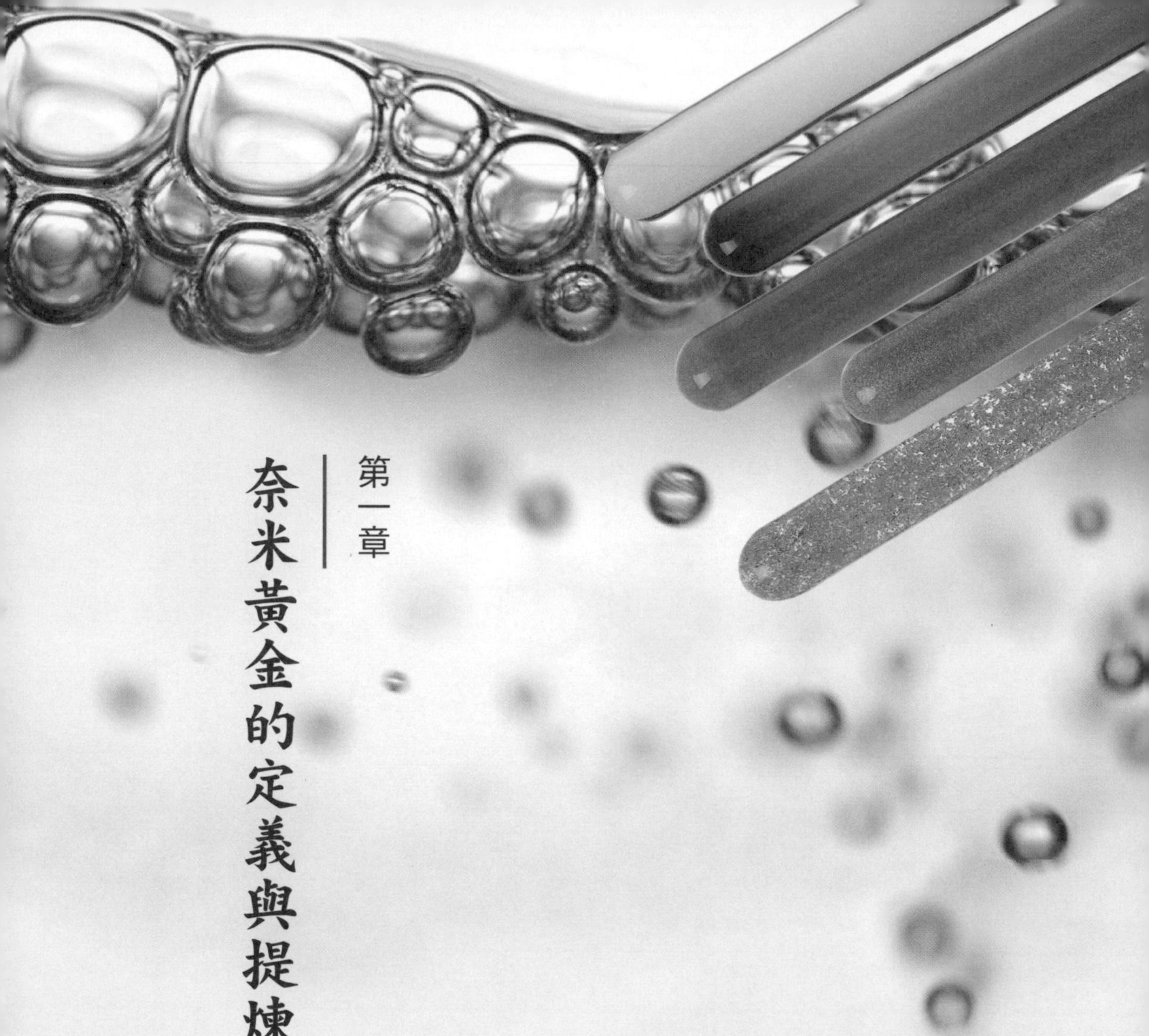

第一章

奈米黃金的定義與提煉

一九五九年十二月二十九日物理學家理查・費曼（Richard Phillips Feynman）在加州理工學院出席美國物理學會年會，作出著名的演講「在底部還有很大空間」。費曼提出操控物質微小化的可能性，當物體被縮小後，在微小世界仍有許多的空間等奈米技術的概念。之後經過五十年的發展，奈米技術及材料已廣泛被運用於很多領域，諸如醫藥、資訊、光電、化工、生物工程等。

一九七四年，日本東京大學教授谷口紀男（Norio Taniguchi）在會議中第一次提出「Nano-technology（奈米科技）」這個名詞，用來做為精密機械加工的描述。此後，「奈米科技」這個名詞就一直存在我們日常生活當中。

奈米是什麼？

到底什麼是奈米？其實奈米是一種長度單位，1奈米（nanometer; nm）等於10^{-9}公尺，約為人類頭髮直徑寬度的八萬分之一；人的肉眼無法看到奈米尺度的物質。在科學定義上，物質若小於100奈米以下，就被稱為奈米等級。

奈米化後的物質被賦予新的性質，這些性質對物理學、化學、材料科學、醫學、電機工程等產生革命性的影響，甚至對產業界、民生物資也產生了重大的衝擊；這些改變同時也造就人類第四波工業革命。尤其是金屬加工方式的改變，突破了傳統結構性的用途，應用在電子通訊與生技製藥產業。近年來，奈米黃金的應用逐漸受到重視。

奈米黃金的製作方法

製作奈米黃金的方法有許多種，分為物理性與化學性兩種，常見的是化學還原法（Chemical Reduction Method）和雷射消熔法（Laser Ablation Method）。化學還原法是由下往上（bottom-up）的化學合成方法，雷射消熔法是屬於由上往下（Top-down）的物理製作方法；其中以化學合成法最為普遍。

奈米黃金化學合成法

市售的奈米金溶液大都是以化學還原法製成，常見的溶液系統是四氯金酸（$HAuCl_4$）加入如檸檬酸鈉等還原劑，金離子被還原為零價的奈米金粒子；奈米金微粒表面被帶負電荷的檸檬酸根包圍，讓彼此互相排斥的奈米金微粒，得以懸浮在液體中形成膠體溶液，因此稱為「膠體金（Colloidal Gold）」。

第一個做出膠體金溶液的是英國科學家法拉第（Michael Faraday），發現電磁學定律的法拉第，受到帕拉切爾蘇斯（Paracelsus）實驗的啟發，於一八五七以磷來還原氯化金（$AuCl_3$）製備出第一個膠體金溶液。

法拉第稱這個溶液為「活化金（activated gold）」。控制膠體金製備溶液系統中的反應物搭配，可穩定生產出5～20奈米的均相奈米金粒子。這些奈米金粒子吸收在可見光（400～700nm）區間內約波長500nm左右較多的藍光和綠光，因而外觀呈現深紅色。在波長510～550nm範圍有單一吸收峰，大顆粒膠體金的吸收峰偏向長的波長，小顆粒膠體金的吸收峰則偏於短的波長。

另一種常見的化學合成法為電化學法，在無氧的溶液環境下，將金在電解溶液中通入電流，進行先氧化、後還原的動作，因而生成奈米金粒子；隨著電流強度密度增加，所得之奈米金平均粒徑越小。

化學還原法所製備的膠體金溶液是不適合直接飲用的，因為其中含有未反應的四氯金酸、反應中間物、溶液系統成分（例如氯離子），以及還原不完全的一價與三價金離子。目前研究已知一價及三價金的化合物對人體有毒性。

另外，製備溶液系統中的不純物質不容易移除，這些不純物質已被證實與早期使用膠體金治療疾病時，產生的消化道腐蝕、口腔潰爛、噁心、嘔吐、腎毒性等副作用症狀有關；同時，應用這類材料在醫療器材開發上，往往出現刺激敏感現象，或者會被使用組織排斥導致發炎問題；現在還沒有很好的方法可以把這些不純物質

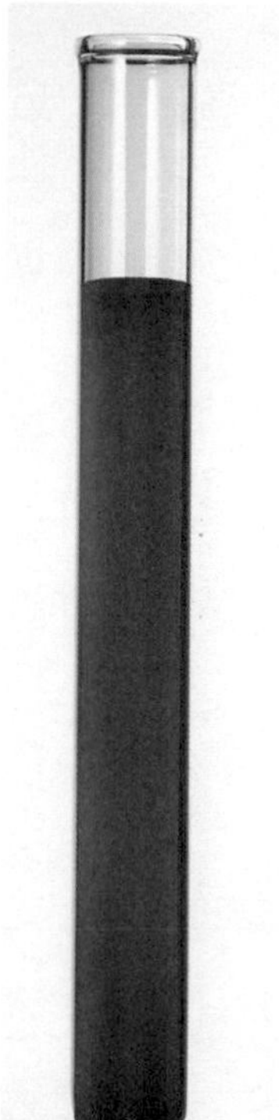

膠體金粒子因為吸收500nm波長附近的可見光，特別是藍光和綠光，所以分散在水溶液之中，會呈現深紅色。

完全去除。

有些國外的網站直接把化學合成的膠體金溶液，以微量元素、膳食補充、抗氧化、增強學習記憶力等保健名目直接推出販售；所以建議讀者選用前，還是要注意這些化學法製備的膠體金溶液，是不是有衛生主管機關的認證許可，或是公信單位的食用安全評估證據，才能保障自身的權益。

奈米黃金物理製作法

雷射消熔法是利用高能量的雷射消熔金屬，將大塊的金屬塊材打成奈米尺度大小的粒子，並藉由溶液所提供的低溫環境及穩定劑（stabilizing reagent），使所生成的奈米金屬粒子得以均勻分散於溶液中，並免於進一步發生聚結現象。

以奈米金的製備為例，金的塊材置於溶液中，透過Nd：YAG雷射所產生的1064nm之雷射光進行消熔，當溶液逐漸轉成酒紅色即代表奈米金的生成。在約520nm可見光光譜（奈米金之特性吸收峰）有相當高的吸收。以這種方式製備出來的奈米金，其粒徑大小約為6奈米左右。

一般認為物理法的產物純度比較高，但是以雷射消熔法而言，所產生的奈米粒子要同步進行降溫與穩定的動作，因此還是會有溶液成分影響材料純度的情況。若要獲得高純度的奈米材料，近年來有另一種物理製備方式，是以物理氣相沉積法（Physical vapor deposition; PVD）為技術基礎，運用物質三態變化來製作奈米金。首先在真空的條件下，利用高溫熱源將金塊原料加熱，使之汽化，最後冷凝下來，以純水進行材料收集。

運用這種方式所生產的奈米材料，純度最高，可以穩定生產出粒徑0.5～30奈米的奈米金顆粒；控制製程條件，甚至可以形成厚度只有30奈米，是傳統金箔厚度四分之一的奈米金箔。

另外，也可以改變奈米金的堆疊排列方式，讓儘管都是30奈米厚度規格的奈米金箔，呈現不同大小與色澤亮度的外觀。

由奈米金粒徑圖可以看出，黃金奈米化後不再是金黃色，隨著粒徑逐漸變小，顏色由塊材原始的金黃色轉變為土色，最後是約5奈米左右小粒徑奈米金所呈現的

物理性奈米金製作原理

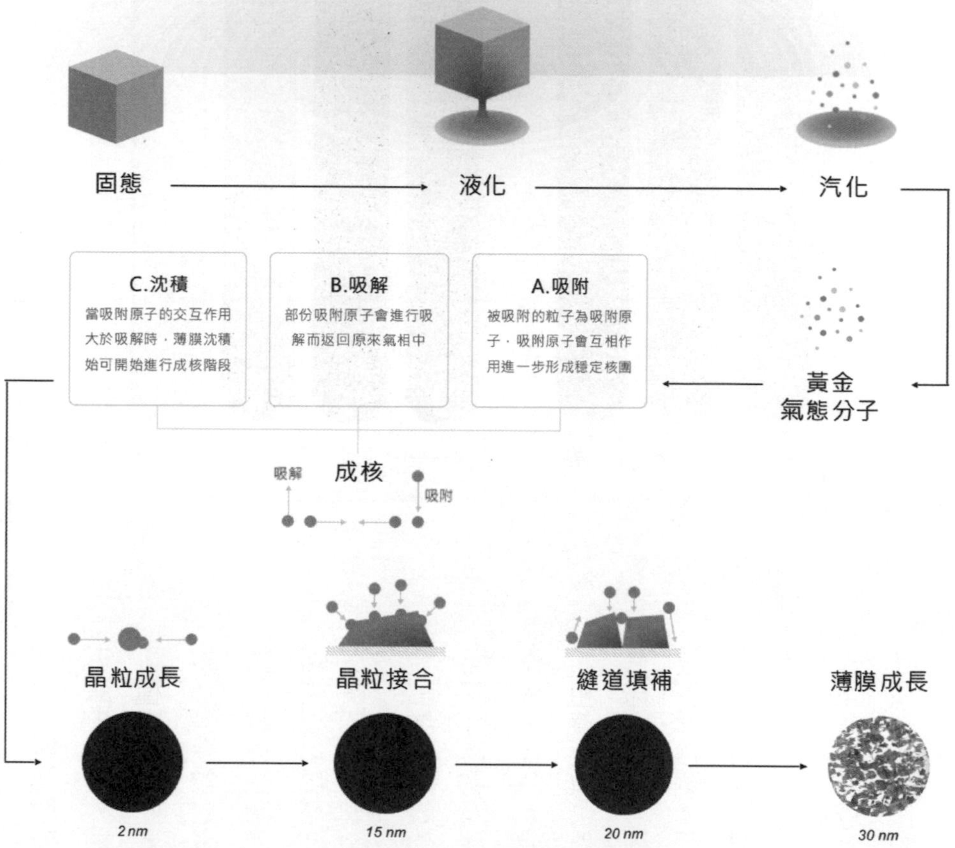
固態
液化
汽化
C.沉積
當吸附原子的交互作用大於吸解時，薄膜沉積始可開始進行成核階段
B.吸解
部份吸附原子會進行吸解而返回原來氣相中
A.吸附
被吸附的粒子為吸附原子，吸附原子會互相作用進一步形成穩定核團
黃金
氣態分子
成核
吸解
吸附
晶粒成長
晶粒接合
縫道填補
薄膜成長
2 nm
15 nm
20 nm
30 nm

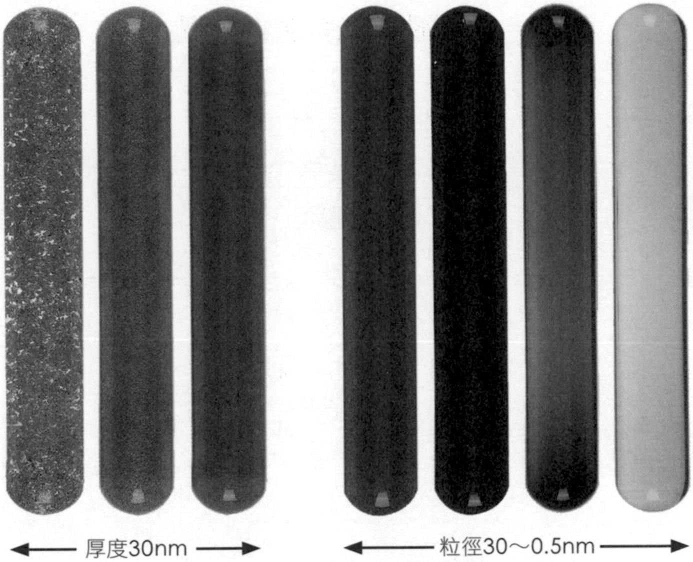

奈米金粒徑圖

紫色。雖然改變奈米金的形狀會改變外觀呈色，但同樣以圓形粒徑範圍相近的奈米金顆粒來說，PVD物理製程法奈米金與化學法製程呈現深紅色不同，物理法製作的小粒徑奈米金呈現不同的外觀呈色，推測可能是因為化學法製作奈米金時，成分中除了水和黃金微粒外，還有製備溶液成分、穩定劑、分散劑等物質存在。

　而物理法製作出來的奈米金材料，成分中只有水與黃金微粒，因而造成兩種製作方法的奈米金吸

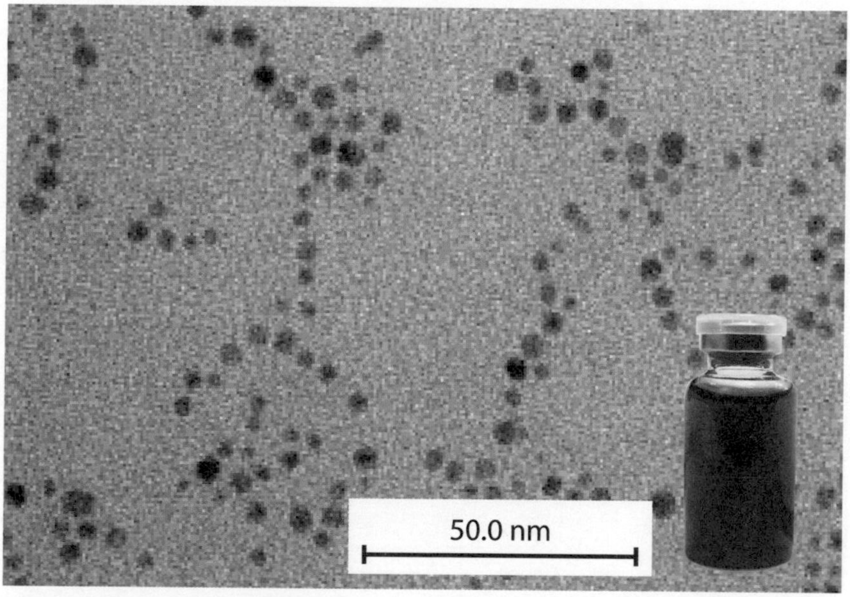

物理性製程作出的奈米金粒子，雖然在500nm波長附近的可見光區有一明顯的吸收峰，但外觀呈色卻是紫色，與化學法呈現的深紅色不同。

收可見光後出現不同的顏色。

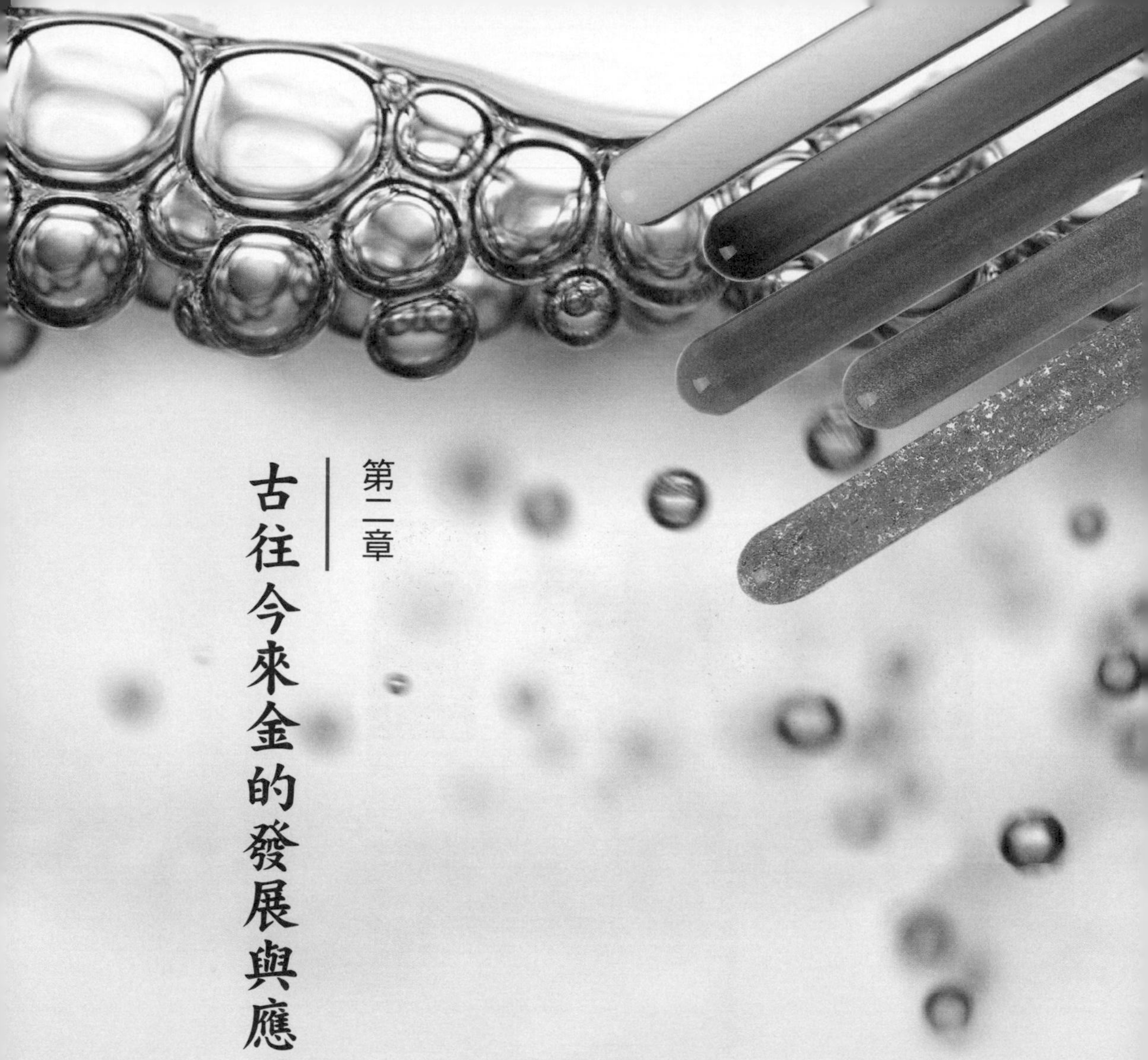

第二章

古往今來金的發展與應用

「金」是地殼中的珍稀元素，地殼中的平均含量約為一億分之一點一，非常安定，不會和大部分化學物質起化學反應，但會被王水、氰化物、氟、氯等侵蝕。金的生物相容性極佳，是製造人類第一個醫療器材「假牙」的材料。金的加工延展性非常好，一公克的金可拉成三點五公里長、直徑為0.0043毫米的細絲，加上黃澄光亮的外觀，自古以來，就被加工成各種形式的物品存在我們日常生活當中，最常見的就是以貨幣或金飾等形式呈現。

傳統金屬加工技術以研磨和捶打為主，物件多以延伸或漆料的方式展現，像是首飾、工藝品、宗教法器和金漆塗料，或打成薄片用於佛像、食品裝飾、梳妝美顏等，隨著對黃金性質的了解、科學知識的進展與奈米技術

德國商業銀行（Commerzbank）供應的瑞士金條，條塊上標示有名稱（標記）、條號、成色（999.9）、重量、國際公認檢定業者標誌及產地（瑞士）等。每條金塊附有成色、重量的證明書，為國際公認的黃金條塊。以國際公信等級的金條塊做為物理法奈米金的原料，才能確保製作出來的奈米金的純淨度。

的躍進，不同的加工技術，賦予金不同的特性。金不易與其他物質起反應的安定型態，走向功能性領域，逐漸開展應用在功能性塗料、觸媒、３Ｃ電子產業、環保能源電池、化妝保養品、含金心血管支架等醫療器材、臨床診斷、與癌症標靶藥物等領域，產品內容也逐漸走向複合化，由整體黃金原料，進階到表面浸泡、塗佈、與其他材料混拌形成複合材料而加以應用。

中醫的發現與應用

傳統醫學很早就有引金入藥的說法，其紀錄記載服用黃金被認為能夠長生不老，延年益壽，並有治癒皮膚疾病的說法。

在歷史中，金以不同的形式被當成傳統藥物使用，最早用於醫藥用途的紀錄是在西元前二千五百年的中國，雖然知道金可以用於治療，但作用機制與針對緩解的症狀，都沒有明確定義；除了直接應用在治療方面外，古時候因為沒有適當的保存方法可以使用，東西很快就會腐壞，為了保存，藥材常會炮製成丸劑，而金因為安定的特性，因此將之捶打成薄片後，包裹在藥丸的外面以隔絕環境影響，協助防腐保存，所以「金箔為衣」的藥物因而出現。

「金箔為衣」一詞在五代後蜀李洞玄的煉丹著作中已出現。根據研究中國古代化學及藥物學重要典籍《庚道集》卷之三〈芽金鼎九轉法，李洞玄神丹妙訣〉：「以魂制魄法第六：入生朱砂五兩，雌雄各二兩，金箔為衣，三兩火養七日。」而歷史上記載的李洞玄有兩人，一個是唐朝宮廷太醫，一個是五代後蜀時期的道教青城山道士李若沖，不論作者是哪一個人，當時的煉丹術已經非常盛行。

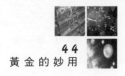

煉丹術是道家煉製丹藥的技術，發源於中國春秋戰國時代的道教，是一個崇拜諸多神明且追求長生不老、修練成仙的一種中國宗教。道教成仙或成神的主要方法有練氣與導引和服食仙丹等，其中練氣與導引成就現在的氣功與經絡學說。金液一直是煉丹的基本溶液，故仙丹也稱「金丹」。煉丹的技術在鼎盛的唐朝時期傳入波斯，波斯人的伊斯蘭教不追求得道成仙，因此煉丹術在該區域演變成煉金術，最後傳入歐洲發展成現代化學，因此金的應用發展，不僅是疾病治療，對現代科學的發展，也扮演很重要的角色。

黃金水（引金入藥）的發現與應用

除了保存目的外，中醫在臨床上觀察發現，將與金塊長時間煎煮過後的水，再拿去熬煮藥材，或直接一起熬煮，服用藥材的療效會發揮得更好，因此衍生出引金入藥的作法。

現存最早中醫理論著作《黃帝內經》提出的中醫處方原則為君臣佐使，金就如同佐藥和使藥的功用，引方到達病處，協助主要的君、臣藥發揮治療效果。換成今日西醫的說法，金就如同載體，可以把治療藥物送達患部區域，加強專一治癒效果，這就是現在標靶藥物的概念。此時不難發現，中西方醫藥的發展很早就匯集，而現在西方醫學的實現，則是延續中醫的發展生命。

儘管金的醫藥用途，不斷在醫藥典籍中出現，實際的主治之症與用法，一直到一五七八年明代李時珍完成《本草綱目》後，才被完整說明。《本草綱目》分為水、火、土、金石、草、谷、菜、果、木、服器、蟲、鱗、介、禽、獸、人等十六部六十類，其中記載金在醫藥用途說明的，是第七冊第八卷的金石部。文中提到：「主治鎮精神、堅骨髓、通利五臟邪氣，服之神仙。療小兒驚傷，五臟風癲失志，鎮心安魂魄。」意思就是，金和安神、神經修護、骨骼關節、以及疾病治療有關。

既然傳統含金藥物有治療效果，為什麼一般民眾知道的卻很少？原因是傳統中醫的含金藥物大都是宮廷御藥，並且是針對重大疾病，不到危急時刻不會使用；但是民間有用金箔為小兒壓驚的作法。

二〇〇二年鳳凰衛視主播在英國出車禍，一度被診斷為腦死，送回中國後，以中西醫藥搭配治療，使用金箔為衣的中藥「安宮牛黃丸」來治療中風昏迷；這一味藥的使用，被認為與她的甦醒有很大的關係。自此以後，含金藥物又逐漸受到重視。

安宮牛黃丸

何謂可食用的黃金：「生金」與「熟金」

《本草綱目》除說明金的醫藥用途外，對於金的用法也提出解釋，內文提到「今醫家所用，皆練熟金薄（箔）及以水煮金器取汁用」。

中醫把金分為「生金」與「熟金」，在中醫理論上，生金是指未經冶煉的金原礦，未經多次冶煉鍛打，尚未去除其中的雜質，有的甚至含有鉛等重金屬，因此不能拿來食用；熟金是指精煉後的黃金，具有協助身體機能的作用，簡單的來說，熟金就是生金經過冶煉、純化過後的黃金，相對使用安全性就會比較高。

以科學觀點來看是正確的，在台灣食品添加物法規規定，金箔純度要在90％以上，含銅量在４％以下，含銀量在７％以下，才符合食用安全性。

相對的，金箔純度愈低，其中摻合的雜質成份越多，就不適合食用。因此早在衛生主管單位規範出金的食用規格前，四百多年前的李時珍已經藉由臨床的觀察證據，歸納出安全的使用規格。

西方醫學對金的發現與應用

不僅傳統東方醫學，羅馬、印度及埃及，也有醫藥應用的歷史記載，主要應用在牙科醫學、皮膚損傷、潰瘍等疾病治療上。中古世紀的歐洲，煉金術士已經懂得將黃金做為藥品治療疾病，當時黃金被視為生命的萬靈藥。十六世紀，德裔瑞士醫師，也是當時著名的煉金術士與哲學家帕拉切爾蘇斯（Paracelsus），製作出一種被他稱之為Aurum Potabile（拉丁文，意思是適合飲用的黃金）的藥水，帕拉切爾蘇斯提出人體本質上是一個化學系統，這個化學系統是由靈魂（硫磺）、精神（水銀）、肉體（鹽）三元素構成。

在帕拉切爾蘇斯看來，人會疾病是由於元素之間的不平衡引起，金因為承接太陽的能量，而太陽是世界的中心，所以服用黃金可以直接把正面能量的影響帶給人體的中心，也就是心臟；協助身體淨化並調節元素間的能量平衡，達到身體、心靈與精神的健康狀態。其中以金為癲癇病人做治療的醫療成果受到現代醫學關注，而帕拉切爾蘇斯在醫學的理論與研究，也讓他被認為是開啟現代藥理學與毒理學的先鋒。

煉金術發展到十七世紀，已經能夠很明確的製造出可溶解性的三氯化金的鹽類，儘管後來發現出現於在第四世紀的羅馬玻璃高腳酒杯——盧奇格斯杯（Lycurgus cup），在不同光線照射下會變色的原理是因為玻璃中含有比例約 3：7 的奈米金、銀混和物，而被認為是最早的奈米技術。但是直到十七世紀，才被認為是人類明確將奈米技術應用於醫學領域的開端；也因為奈米技術的出現，金的應用由延展形式的金箔，變成分子顆粒，應用面又更具突破。可溶性的金酸鹽，一開始被當成神經鎮定劑（nervine）使用，治療偏頭痛、憂鬱、癲癇等問題，用於神經鎮定劑最知名的例子是基利式療法（The Keeley Cure）。

基利式療法：以金做為神經鎮定劑

很多腦部疾病的發生，都和腦部細胞不正常的活動有關，腦部細胞的活動若發生過或不及的現象，就會產生疾病，例如癲癇，就是腦部細胞過度活躍所造成；而用來使腦部細胞恢復正常活動狀態的藥物，就被稱為神經鎮定劑。

萊斯利．基利（Leslie E. Keeley）在南北戰爭時是聯邦陸軍的外科醫師，他在服役期間，觀察到軍隊中酗酒的問題，尤其是戰爭帶來的經濟蕭條，讓酗酒的社會問題日益嚴重，因此對造成酗酒的成因與治療方法感到興趣。長期無節制的喝酒，除了造成腸胃道、肝臟等器官的嚴重傷害外，酒精因為可以自由穿透細胞膜，未代謝的酒精會隨著血液循環抵達腦部，直接對腦部神經細胞產生影響。

腦細胞長期接觸大量酒精的結果，造成細胞萎縮，影響正常的神經傳遞訊息功能，甚至會造成不可逆的退化病變；因此酗酒者常會出現記憶力變差、幻聽妄想、躁鬱、心悸、不自主抖手、與早期失智現象。當時的治療方式以阻斷為主，既然是長期飲酒造成的問題，就不讓病人喝酒，但是往往病人卻出現暴躁、易怒等攻擊行為，持續性效果不彰，反而造成更多社會與家庭的問題。

一八六四年，退役的基利醫師落腳於伊利諾州、距離芝加哥約七十哩的小農村德懷特（Dwight），和弗雷德里克．哈格里夫茲（Frederick B. Hargreaves）合作開始實驗各式各樣的配方，終於發展出以氯化金和氯化鈉混製而成的配方，用來治療「成癮性」的問題。並於一八七九年成立第一個基利治療機構，這個神祕的配方除了治療酗酒外，對鴉片、嗎啡和古柯鹼等藥物成癮問題也有幫助。儘管氯化金的腐蝕性太強會造成腸胃道的損傷，甚至引來多方批評與質疑，認為沒有證據證實，金對成癮性疾病有任何療效與益處；但是在一八八〇到一九二〇年間，約有超過五十萬人接受基利式療法；同時宣稱有高達九成的治癒率。可惜的是，隨著基利醫師的逝世，基利式療法的明確配方也隨之消失，但是基利式療法仍被認為是金做為神經鎮定劑的強力證據。

金在治療梅毒、肺結核、類風濕關節炎的醫學功效

除了神經系統方面的應用外，十九世紀晚期，氯化金和氯化鈉混至配方四氯金酸鈉（Na〔$AuCl_4$〕）被用來治療梅毒。隨後德國醫師，同時也是微生物學家的羅伯·柯霍（Robert Koch）在一八九〇年發現金的氰化物可以抑制結核桿菌，因此開啟一九二〇年代，以金療法治療肺結核的運用。由於當時認為結核桿菌會造成類風濕性關節炎，因此金療法也同樣運用在類風濕性關節炎的治療上；直到一九四五年，類風濕性關節炎是感染性問題造成的理論被推翻，金的醫藥功效又被進一步研

究討論。

類風濕性關節炎是一種自體免疫疾病，自身的免疫系統攻擊自己的關節導致長期慢性發炎的現象，關節因為發炎反應受到侵蝕、腫脹、變形、同時伴隨強烈疼痛，是一種治癒率很差的原發性疾病。最早治療類風濕性關節炎的金化合物是Gold（I） thiolates（AuSR），例如 Sodium aurothiomalate （Myocrisin™）和Aurothioglucose （Solganol™）；其中Myocrisin™目前在英國國家處方集，仍然可以找得到應用於治療關節炎的資訊，為肌肉注射型的藥品。

這些含金藥物在治療類風濕性關節炎的藥品分類中，是屬於疾病修飾的抗風濕性藥物（Disease-Modifying Anti-Rheumatic Drugs; DMARDs ），和已知的非類固醇抗發炎藥物（non-steroidal anti-inflammatory drug; NSAID）與類固醇藥物（steroids）不同；其中NSAID 只能解決發炎的問題，對病因的源頭治療沒有幫助；而類固醇藥物則是讓我們的免疫系統不要那麼活躍，對於減緩病程發展效果不明顯。DMARDs 這類藥物，則是藥品本身針對類風濕性關節炎病程發展有減緩作用的分類，因此含金藥物雖然治療期長，但是對關節炎症狀緩解卻很有效。一九八五年，進一步出現口服劑型的含金製劑金諾芬（Auranofin）。

金化合物到底如何緩解關節炎症狀？根據日本京都大學研究（Niwa *et al.*, 1987），金化合物的抗氧化特性，可以抑制多型核白血球（PolyMorphonuclear leukocytes; PMNs）產生活性氧自由基（Reactive Oxygen Species; ROS），類風濕性關節炎發作期，白血球會大量產生自由基；這些自由基會造成免疫細胞趨化因子的產生，吸引更多的免疫細胞來到發作區，造成關節腔的組織被攻擊破壞。

特別是‧OH和H_2O_2，不僅是組織發炎反應的重要訊息傳遞者，這兩種自由基本身對組織氧化破壞力就很高，因此金化合物藉由減少‧OH和H_2O_2的產生，抑制發作期時的發炎反應，使患者的問題得到緩解。

二〇〇七年，成功大學的研究團隊（Wu *et al.*）在類風濕性關節炎老鼠的關節腔中注射奈米金，發現抑制新血管的生成現象；由於發炎反應，是身體的免疫系統認為有外來物入侵的訊號，為了第一時間將外來的威脅移除，會產生大量的免疫細胞趨化因子，吸引免疫細胞快速集合到發炎區域作戰；甚至為了要運送更多免疫細胞到達發炎區域，產生長出新血管的訊息，讓周邊組織的血管產生分支到達發炎區域，運送更多的營養素與免疫細胞協助作戰，快速解除面臨的威脅，這個現象是生物體受到外來物入侵的天然防衛機制。

但對於長期處於發炎狀態的關節炎患者而言，卻不是一個有利的狀況，長出新血管的機制只會讓發炎現象越來越嚴重，關節的損害越來越大，關節組織受到劇烈侵襲而腫脹變形；伴隨劇烈疼痛的產生，讓病人生活品質大受影響；而奈米金抑制產生新生血管的作用，與減緩自由基發炎反應的雙重機制，進一步解釋金與關節疾病治療的關係。這類含金製劑也創造人類應用奈米金治療疾病臨床應用歷史最久的紀錄。

奈米金在醫學診斷和抗癌治療的應用與成效

《本草綱目》提到金可以「通利五臟邪氣」，指的就是疾病治療的應用。目前人類社會面臨最大的疾病挑戰就是癌症，奈米金在癌症治療的應用方面，主要分為分子診斷與標靶藥物的治療應用。

奈米金在診斷方面，最早是應用在體外快檢試劑。最普遍的例子就是在驗孕棒上的應用，利用奈米金表面的負電性易和蛋白質的正電性因靜電引力而結合，例如抗體、酵素或細胞激素等，透過抗原—抗體的特異反應，使奈米金聚集沉積形成色帶；懷孕的女性會分泌人類絨毛膜性腺激素（Human Chorionic Gonadotropin, HCG），將尿液滴在含有奈米金和 HCG 抗體結合的驗孕棒上，若有HCG存在，抗原—抗體辨認結合，使複合物沉積，呈現紅寶石色，即可得知受試者是否懷孕。

在體內診斷方面，現在的發展重點是 X-ray 造影劑（X-ray contrast agent）。比起傳統碘造影劑，奈米金因為對 X-ray 吸收比較強，所以能夠使用較低的 X-ray 劑量，同時，因為原子數大、電子密度大，所以遮蔽效應大，影像更清晰。直徑100μm

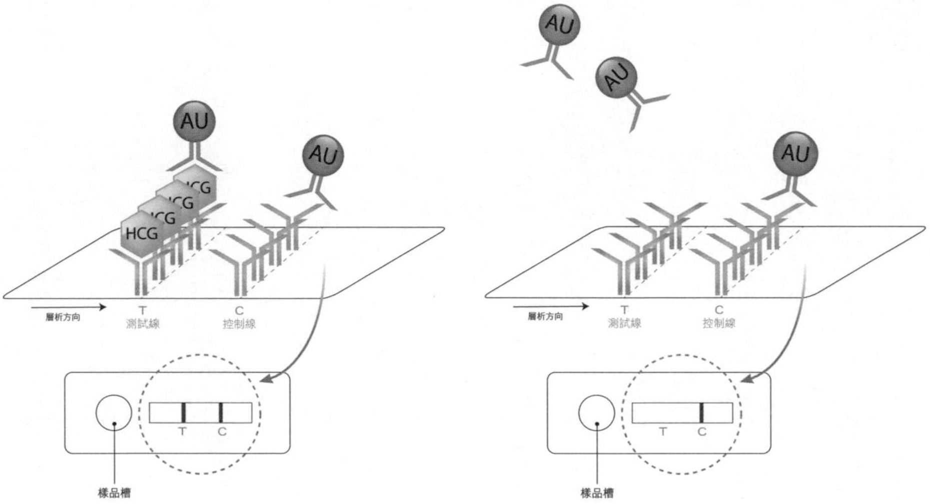

HCG由驗孕婦女的胎盤所分泌，一般正常懷孕，最早七天可以在血液與尿液中測得。快檢試片中的試驗判讀窗口有兩個標示，一個是以C表示的控制組線條，無論有無懷孕，都會出現紅色線條，代表的是試驗的有效性。另一個則是以T表示的測試組線條，是否懷孕，就是看這條線是否呈色。當尿液滴入樣品槽時，尿液會因毛細現象逐漸往測試線移動，試片中含有接在奈米金上的HCG抗體，該抗體是散佈在試片中的，所以沒有顏色；若尿液中含有HCG（抗原），會因為抗原一抗體的特異性結合，分子變大造成聚集沉澱；沉澱物中含有奈米金，而奈米金聚集就會呈現紅色。因此判讀窗口若出現兩條線，就表示受試者處於懷孕期。

（相當於10^{-6}公尺）的血管都清晰可見，且影像持續時間更持久。比起碘造影劑，奈米金較少被肝臟和脾臟吸收，注射六十分鐘後，X-ray 影像對比性和沒注射的老鼠相似，注射後三十天所做的血清學、組織學分析，也沒有證據顯示具有毒性；顯示奈米金在醫療診斷上的應用價值與潛力，尤其是針對緻密型的組織診斷，例如乳房攝影與X射線電腦斷層掃描（X-Ray Computed Tomography, 簡稱 X-Ray CT）等高階影像診斷上。

除了醫學診斷外，奈米金應用在藥物輸送上的進展，也是近年來醫藥界的發展重點。癌細胞指的是不受控制的細胞生長，為了應付細胞快速生長的營養需求，癌細胞會釋放血管新生的訊號，驅使周邊組織中的血管長出分支到達癌患區域，供給癌細胞成長的養分。這些新生的血管，因為快速生長，細胞壁結構和一般血管不同，血管結構比較鬆散，細胞間隙比較大；若將奈米金和抗癌藥物接合在一起，經由血液循流到這些新生血管的區域時，會穿過疏鬆的血管細胞壁，到達癌患區域，藥物集中聚集在患部；不僅增加藥品作用專一性，也因為藥物聚集在腫瘤區域，血流循環中的量減少，大大減低抗癌藥物對個體的毒性與潛在副作用。

另外，癌細胞誘導的血管新生訊號，主要是靠血管內皮生長因子接受體第二型（vascular endothelial growth factor receptor 2; VEGFR2）傳遞的，研究發現，奈米金會和 VEGFR2 結合，抑制訊息傳遞而減少癌細胞誘導的血管新生，讓癌細胞的營養源受到限制，進而影響癌細胞進一步的生長。

奈米金分子小，生物相容性又高，除了當成藥物輸送系統之外，在治療癌症方面，另一個用途是用在光熱療法（Photothermal Therapy）。熱療法是治療癌症的方法之一，利用熱源的提供，將癌患區域加熱至42℃以上持續數十分鐘，因而將腫瘤細胞殺死；而熱治療的能量來源有無線電射頻（radiofrequency）、微波（microwave）、超音波（ultrasound）以及雷射（laser）等。

以雷射為例，因為可以形成很窄小的高能量光束，精準聚焦的穿透到目標組織深層區域，因而應用在癌症治療上。但最大的缺點是沒有選擇性，所以周邊正常組織也會壞死。已有研究指出，許多種類的癌細胞表面會大量表現表皮細胞生長因子接受體（Epidermal Growth Factor Receptor; EGFR）；將奈米金和 EGFR 抗體結合，利用抗原—抗體的專一性，與癌症組織新生血管結構鬆散的特性，讓奈米金專一性的聚集到癌症組織；奈米金具有極佳的表面電漿共振效應，在吸收近紅外光後，因共振效應產生極大熱能而殺死癌細胞。

研究證實（Hirsch *et al.*, 2003; Huang *et al.*, 2007; Wang *et al.*, 2010），與沒有使用奈米金的組織相比，利用奈米金殺死癌細胞的熱源能量只有沒有使用奈米金的二十分之一，周邊正常組織也沒有受到不可逆的傷害，顯示出非常好的治療專一性。

科學界對癌症的知識，越來越了解，雖然還有很多未解的謎團，但可以想見的

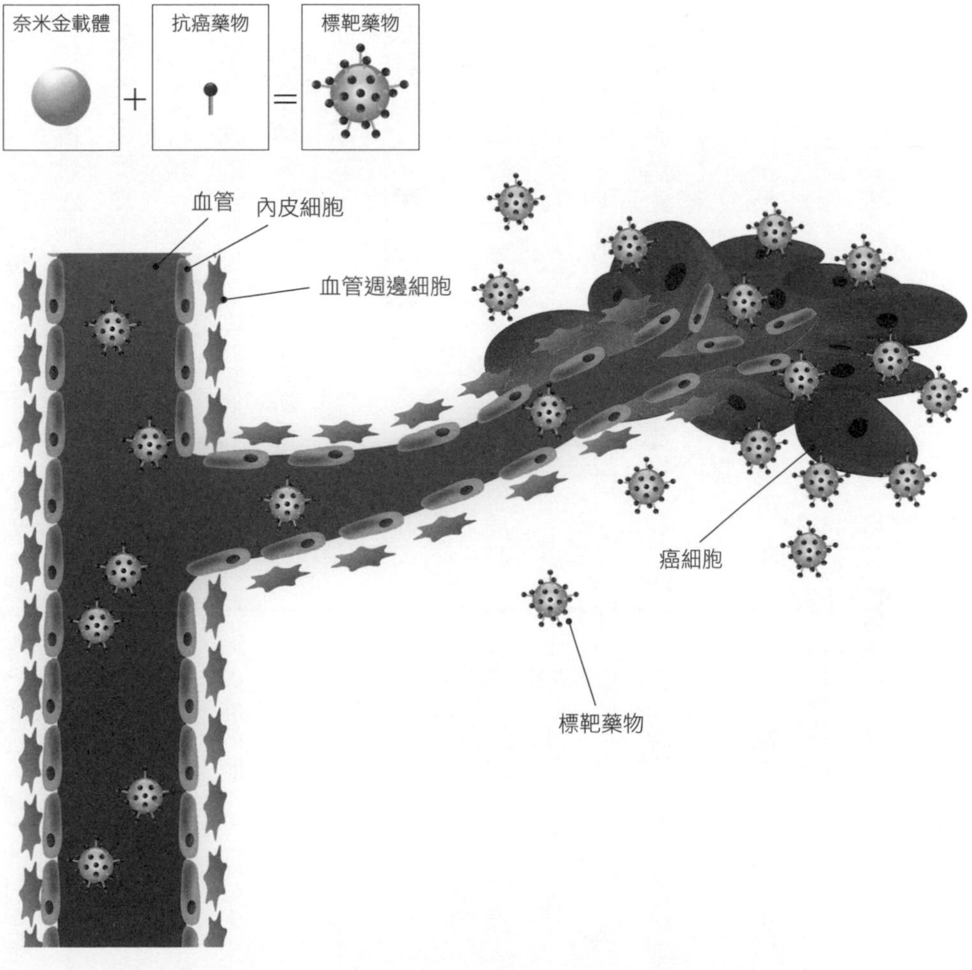

奈米金攻擊癌細胞：癌細胞引發的新生血管，該血管壁細胞排列較疏鬆，奈米金抗癌標靶藥物可以藉由這種鬆散細胞排列間的空隙移出循環系統，集中聚集於癌症發生區塊，增加治療專一性。

是，未來癌症的治療方式一定是像雞尾酒一樣的複合療程，除了外科手術清除，與以化放療毒殺癌細胞外，需要更多的抗衡機制，才能更有效的對抗癌症，讓復發的機率降低，提升治癒率。

奈米金是一種生物相容性與材料相容性非常高的材料，有許多癌症治療應用的價值正不斷的被挖掘，因此醫藥界也積極開發治療癌症的應用，期待未來奈米金的醫藥應用將會成為癌症治療的新契機。

食用黃金的功效

傳統中醫有「藥食同源」、「以形補形」的說法，所謂的藥食同源，指的是有些食物本身就有療效，是食品也是藥品，只是使用的方式與時機的不同，決定是食品還是藥品。中醫經典著作，唐朝楊上善編注的《黃帝內經太素》一書中寫道：「空腹食之為食物，患者食之為藥物。」反映出藥食同源的思想。傳統中醫與日常飲食融合的概念，也是中國食療學的基礎。

而以形補形這個中國傳統邏輯觀念，指的就是以外觀形狀或功能相似的食物，來進行人體相對應器官和功能的補充，是人民千百年來總結出來的食療方法。結合現代醫學看起來也有幾分道理，例如核桃長得像人的大腦，概念上就是和促進腦部功能有關。現今經過研究證實，核桃含有豐富的 omega-3 脂肪酸，這種多元不飽和脂肪酸是腦部神經細胞的主要構成成分，對神經的傳導功能很重要，人體無法自行合成，需由食物攝取；因此多吃核桃可以保護大腦，預防年紀增長引起的記憶力衰退等，但是堅果類畢竟是屬於富含油脂的食物種類，還是要注意整體熱量的攝取。因此自古以來，因金的外觀特性，認為服用黃金可以和金子一樣，永恆不變，長壽青春的想法也就不奇怪了。

金自古以來就有多面向的藥用價值，古代王公貴族也因為金的安定與永恆不變的特性，以吃金養生，延年益壽，追求長生不老。清代毛祥麟所著《對山醫話》卷二中提到道家對吃金的看法，文中提到，抱朴子曰：「服金者壽如金，服玉者壽如玉。」一典型的代表人物就是秦始皇。

據《史記》中「秦始皇本紀」記載，秦始皇希望追求永恆的生命，當時的御醫方士徐福，上書說海中有蓬萊、方丈、瀛洲三座仙山，有神仙居住，可以前去仙山請教長生不老的方法或丹藥；因此秦始皇派遣徐福率領數千童男童女出海尋找仙山，最後滯留不歸。

徐福最後上岸的地點眾說紛紜，比較多的說法是日本；《史記》中記錄徐福東渡的「淮南衡山列傳」記載的是「平原廣澤」（可能是日本九州或滋賀縣琵琶湖一帶）；《三國志》提及徐福東渡之事，到達亶洲（一作澶洲）並滯留不歸。而亶洲指的就是日本，相傳就是這個緣故，製作金箔的傳統工藝技術就從中國傳入日本。金箔工藝傳入日本的另一個說法，是日本佛教律宗開山祖師唐僧人鑑真，在東渡日本宣揚佛法時傳入，無論如何，日本金箔工藝是源自於中國，而日本民間吃金養生的作法也是源自於中國。

協調生理機能與強化大腦認知

食用金箔到底有沒有功效？根據日本民間的說法，日本人認為吃金箔能有效地改善血液循環及加速新陳代謝，改善老人家冬季手腳冰冷的問題。在日本，食用金箔甚至有宗教的意涵；金代表光明的形象，吃金可去除厄運，帶來財富。

事實上，在西方醫學的觀點，金是屬於微量元素，微量元素的補充有助於生理機能的協調。根據一八九〇年美國藥典（U.S. Pharmacopoeia）記載：「少量金可以促進食慾與消化、刺激大腦功能、並使身體產生興奮感、感知良好等。」同時也提到服用過量會造成噁心、嘔吐、消化道潰瘍等問題。

一八九九年，由世界知名的美國默克藥廠所出版的第一版醫學參考書籍《The Merck Manual》，也把金歸類在「催慾」性質底下；當時的研究顯示，這種效果對男女兩種性別都有效，甚至是停經後的婦女，因為賀爾蒙變化導致性慾減低的情況下，具有刺激性，因此受到很大的醫學關注。直到基利式療法的出現與成功，科學界才把焦點轉移到神經鎮定功效與腦部認知功能方面。

一九九八年，美國加州一位亞伯拉罕醫師，將一個金的補充和大腦認知功能有關的小規模實驗數據，整理發表於國際期刊〈Frontier Perspectives〉，這個小規模試驗是找五個十五到四十五歲的受試者，每天服用三十毫克（milligram; mg）的膠體金，連續服用四週。進行試驗前後，都以韋克斯勒智力量表（Wechsler Intelligence scales）進行認知能力的評斷測試，結果顯示，連續服用膠體金四週後，受試者的IQ分數增加百分之二十，停止補充膠體金一到二個月後，有三個受試者仍然維持IQ分數的增長幅度，二個受試者已經回到補充膠體金前的基準線分數。

以中醫的解釋方式來看，金因為可以安神，定神而後專注，當然會加強學習能力，而呈現出比較好的測試結果。這個實驗的規模雖然非常小，代表性可能不是那麼足夠，但卻是近代運用金做為神經鎮定劑的例子。

除微量元素的補充效應外，金的抗氧化性質，是目前對服用金的看法，而且這個性質和製作過程有關。傳統金箔是以人工捶打的方式進行金塊的延展，並沒有改變金原本的安定性質；所以傳統食用金箔是以裝飾功用為主。

現代因為奈米科技的出現，將金塊分割成極小的顆粒分子，巨大的表面積呈現，賦予金顆粒不同的性質，豐富的電子雲特性，造就高效抗氧化的性質。而這個性質主要是應用在疾病治療方面，目前皆處於研究階段，像是前面說明的類風濕性關節炎的治療、癌症化放療的輔助治療等。

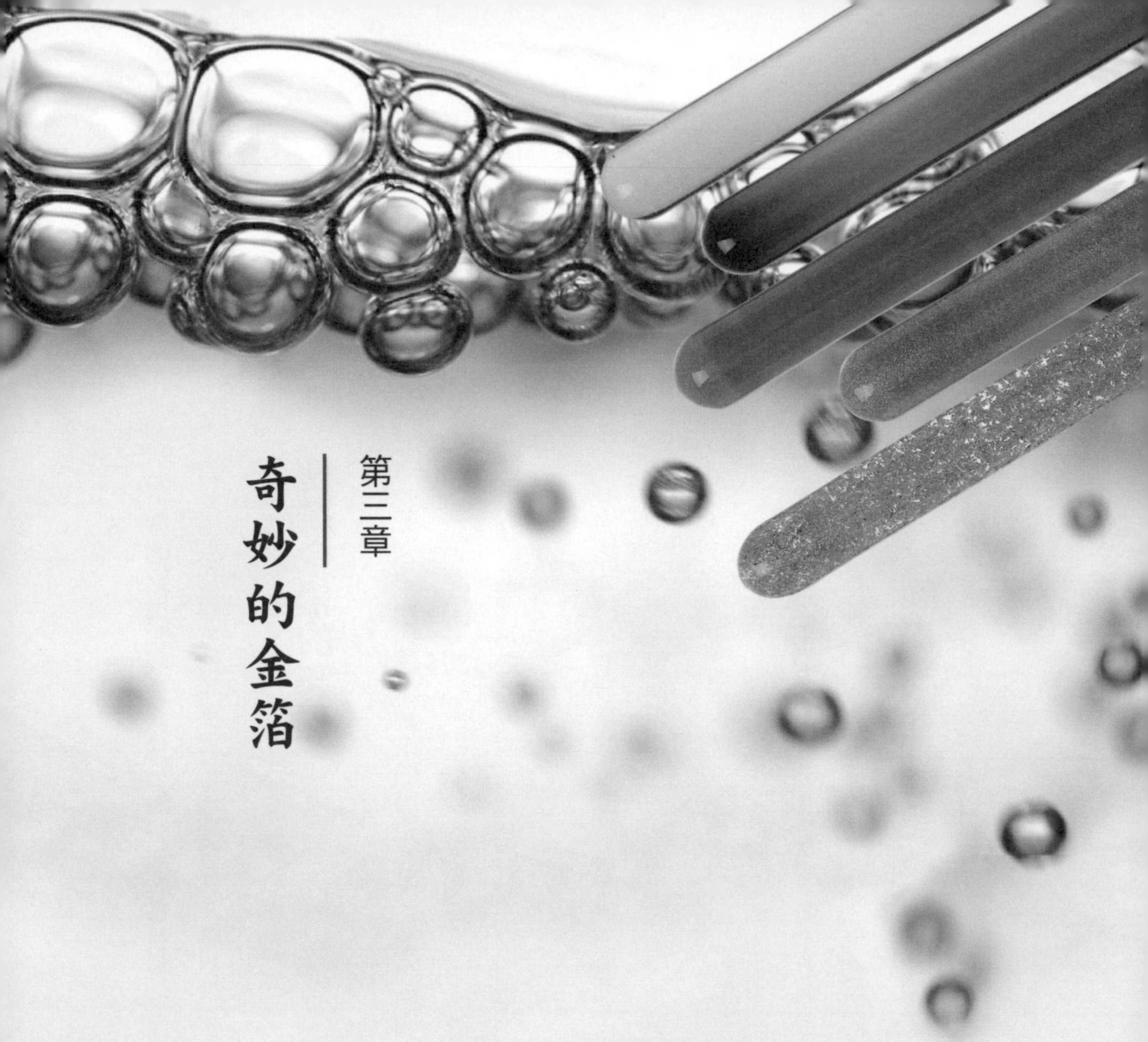

第三章 奇妙的金箔

金的應用領域豐富性，除源自本身材料特性外，加工技術的演進，也是一大助力，主要可以分傳統加工技術與現代奈米科技。

傳統金箔的製程

人類生產與應用金箔的歷史非常久遠，由考古的證據顯示，在古埃及新王國時期法老王圖坦卡門（Tutankhamun）的墓穴中，就已經發現有使用金箔的蹤跡，圖坦卡門在位期間為西元前一三三三到一三二三年，這樣看來，應用金箔的歷史至少有三千多年。

中國應用金箔最早的證據是在商代，但是在四川挖掘出的古蜀國三星堆與金沙遺址中，發現大量使用金箔的文物，顯示人類製造與應用金箔的歷史至少有三千到五千年之久。

究竟金箔是如何製造出來的呢？中國最早記載金箔加工的文獻是明崇禎十年，宋應星的《天工開物》：「凡金箔，每金七厘造方寸金一千片，粘鋪物面，可蓋縱橫三尺，凡造金箔，既成薄片後，包入烏金紙內，竭力揮椎打成。」意思是說，在中國傳統金箔是經過反覆捶打而成的，製作步驟分為拍葉、裝沾、打箔、出起與切箔等五個步驟。現代則因為機械取代部分人力，重新整理實際工序步驟為黃金配

移除角料

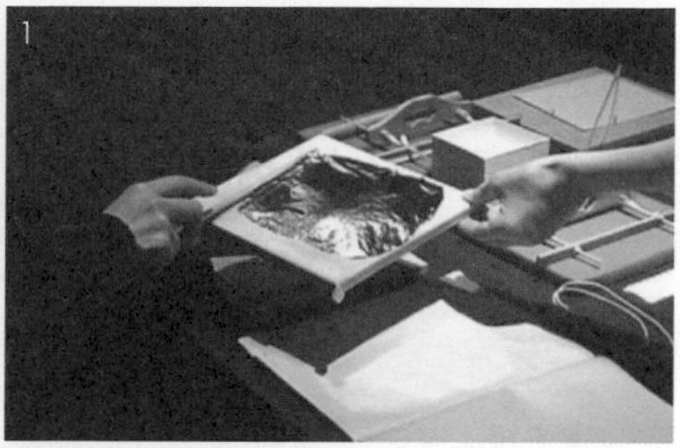

出具（金箔移除烏金紙）

包裝

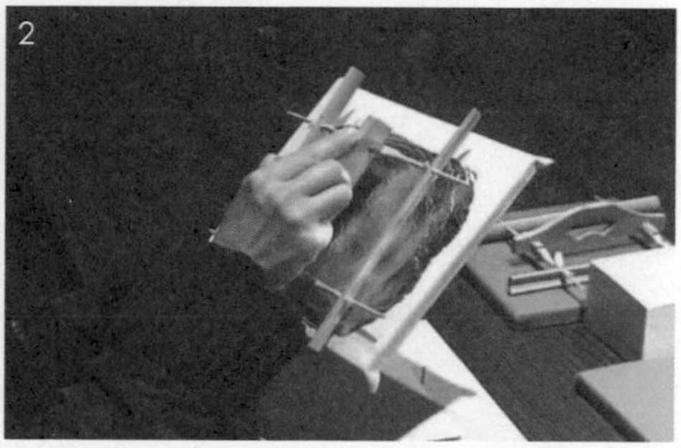

竹刀裁切

比、化金條、拍葉、做捻子、落金開子、沾金捻子、打金開子、裝開子、炕坑、打了戲（結束之意）、出具、切金箔等十二道鍛製工序。

一開始製作時，會因為工藝需求的不同進行金原料的配料動作，若沒有特定需求，也會加入其他金屬協助延展；最常用的金屬是銀和銅，所以儘管原料金塊的純度規格是9999，做出的金箔成品，純度也會降低。

金是陰電性最高的金屬之一，因此很容易與其他金屬形成合金，例如坊間常聽到的玫瑰金，就是指含25％銅的18Ｋ金。

因此若需求的金箔顏色偏紅，便會多加入銅；若顏色需求偏白，則會多加入銀。接著，配比好的金與配料會放入坩堝中，於1200℃左右的熔金爐中熔化、混和。熔煉完後的金液，隨即倒入約二十五公分長，寬三公分左右的鐵槽中冷卻製程金條。

金條再經過滾輪延壓機反覆輾壓成薄片，因為輾壓過程中，需要維持潤滑與低溫，因此過程中會使用機油；為維護金箔純度與品質，所以會進行去除油污與退火熱處理；高溫退火還有一個用意是讓金材料盡量軟化，以利後面將金薄片裁成適當大小的金捻子（指將金薄片裁成條狀物），夾於「烏金紙」中進行反覆捶打，延展成金箔，整個過程約需費時十天。

烏金紙：延展成金箔的關鍵

烏金紙在日本被稱為「箔打紙」，是金片延展成金箔的關鍵。金箔最後延展的薄度與整體無破損的完整度，都和烏金紙的品質有關。烏金紙的名稱由來是來自於這種紙張的顏色，《天工開物》記載：「凡烏金紙由蘇杭造成。其紙用東海巨竹膜為質。用豆油點燈，閉塞周圍，止留針孔通氣，薰染煙光，而成此紙。每紙一張，打金箔五十度，然後棄去，為藥鋪包朱用，尚未破損，蓋人巧造成異物也。」意思是說，在三百六十多年前的烏金紙都出產自蘇杭，原料是巨竹纖維，這種用於打金片的黃紙做好後，會在一間密不透風的黑屋子中，用豆油燈燻製，因而呈現黑色，故稱為烏金紙。

烏金紙必須耐高溫且經得起反覆捶擊，因為烏金紙夾入金薄片（金捻子）之前需要經過約90℃和三小時的加熱，稱為「炕火」。以利夾於其中的金薄片能夠快速延展成金箔。這樣的烏金紙可以用來製作金箔五十次，之後送去藥鋪包硃砂還不會破損，顯示烏金紙的強韌。

除了能承受高溫與反覆施力重捶外，烏金紙也不能有細紋或變形，否則夾在中間延展的金片會被印上紋路，如此特性才能協助生產出平整而不破損的金箔。

經過約五萬次捶打過程延展形成的金箔，最後會以竹刀進行裁切成不同大小的正方形後包裝，標準規格有9.33公分見方。其他常用規格還有10.9公分見方、8公分見方、5公分見方等。

由於烏金紙直接關係金箔的品質，中國大陸為了要提升金箔這種傳統技藝成品的品質，自一九九八年開始，歷經兩年多的時間，研發出新一代的烏金紙，使金箔成品成功率由60%提高到90%。

二〇〇一年，中國國家科技部和國家保密局，將新一代烏金紙的配方與製作工藝，正式列為第一批國家祕密技術項目加以保護，足以顯示烏金紙對金箔工藝傳承的重要性。

新生的烏金紙得先從銅箔、銀箔打起，「培養」三年後，才能開始用於金箔製作。經過十年捶打後，才是成熟的烏金紙。以目前最精湛的工藝而言，好的烏金紙配合老師傅的手藝可以打出120奈米薄度的金箔。120奈米到底有多薄呢？人類的頭髮直徑約有8萬奈米寬，想像一下把人類頭髮寬度切成666份的樣子，薄如蟬翼，吹一口氣就能輕易將金箔吹起。這是目前為止，人類手工能製作出來最接近奈米尺度的薄片了。

傳統金箔的應用目前主要貼於佛像、瓷器、金箔畫等工藝用途為主，與做為食材運用於菜餚，甚至是酒品的裝飾添加。雖然目前沒有明確證據支持傳統金箔具有特殊的皮膚美容功效，但是近年來延緩肌膚老化的保養趨勢中，也紛紛看到金箔的

傳統金箔

蹤跡。值得注意的是，傳統金箔的加工技術中含有金以外的其他金屬，其中鉛已經證實和皮膚色素沉澱有關，同時也會危害身體健康。消費者在選購時，要選擇清楚標示金箔使用規格產品，以保障自身的權益。

金箔的分類

世界有五大金箔產地，分別是中國、日本、泰國、德國和義大利，全球百分之六十的金箔產於中國南京市龍潭地區。日本金箔主要產地則是石川縣的金澤市，全日本有98%以上的金箔源自金澤，為了強調製作工藝的精湛，日本稱出產自金澤的傳統金箔為「金澤箔」。

在日本，所謂的「金箔」是一種統稱，這種技術最初是用於工藝用途，而且會加入其他金屬，因此意義上應該被稱為「金屬箔」。只是現代人都以金箔來統稱，包含純金白金箔、純金箔、其他箔類、新光箔、虹彩箔等五大類。

一般市面上常見與民眾認知較多的是純金白金

金箔（金屬箔）五大類

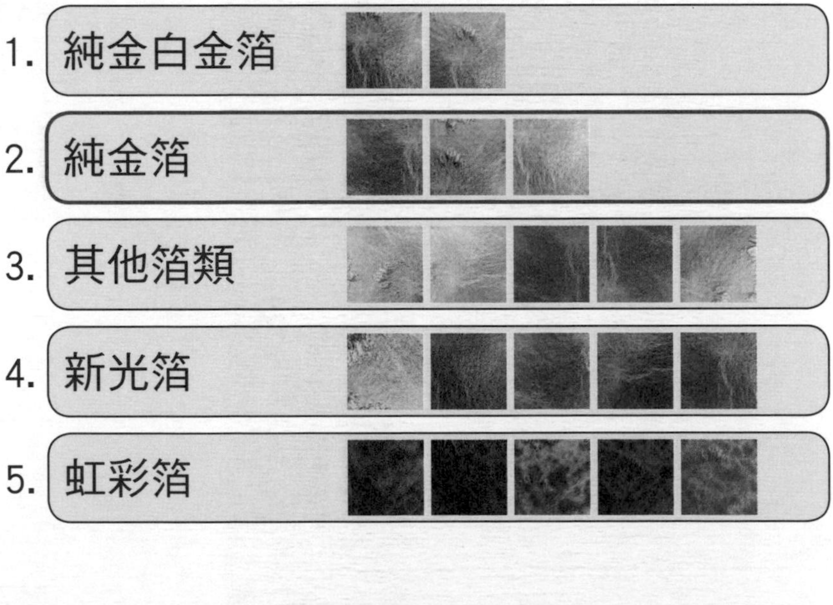

純金箔分類表

品名	金含量(%)	銀含量(%)	銅含量(%)	使用類別
純金24K	99.00	?	?	工藝使用
五毛色	98.91	0.49	0.59	工藝使用
一號色	97.66	1.35	0.97	工藝使用
二號色	96.72	2.60	0.67	工藝使用
三號色	95.79	3.53	0.67	工藝使用
食用金箔	94.43	5.56		食品裝飾
四號色	94.43	4.90	0.66	工藝使用
仲色	90.90	9.09		工藝使用
三步色	75.53	24.46		工藝使用
定色	59.74	40.25		工藝使用

(資料整理來源:日本 石川縣金澤市立安江金箔工藝館)

註:工藝使用泛指用於建築物(寺廟)、佛像、佛壇佛具、屏風、漆器、陶瓷器、日常工藝品、特殊設計等美術工藝品。

?:傳統金箔製作工藝必須加入其他金屬協助黃金的延展。以純黃金進行延展,容易因為沾黏而破損,沒特殊要求時,加入的金屬種類以銀、銅為主。圖表中的資訊來源並沒有顯示該金屬成分的比例。

箔和純金箔，顏色大都呈現黃金原本的金黃色。其他箔類則是指純銀箔、白金箔、鋁箔、錫箔、銅箔等，其他金屬製成的箔片，種類約十種。

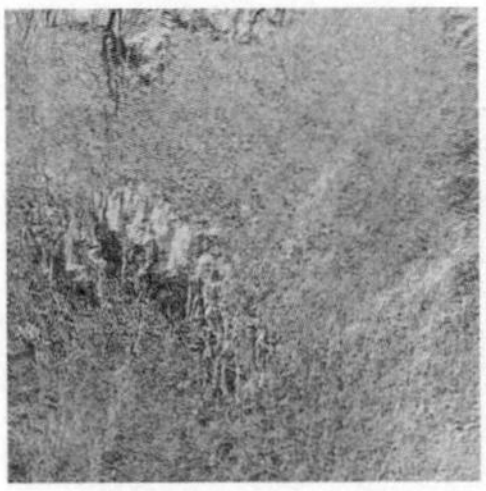
純金24K

日本食用金

定色

新光箔則是以銀箔為基底，加上不同金屬或染劑製成，約有六十種。而虹彩箔也是以銀箔為基底，加上不同金屬或染劑，並以加熱處理製成，形成特殊顏色效果，約有二十種。令人驚訝的是，儘管稱為「純」金箔，但事實上種類高達十多種，而且這些金箔黃金含量從99％到60％不等。

由上述純金箔分類表中的匯整資訊可以知道，食用等級金箔含金量只有94％。傳統工藝上只規範金、銀和銅等三種金屬的含量，其中銀和銅的含量必須分別低於7％和4％以下，只要符合這三種金屬的含量要求，就能列為食用金箔。以外觀顏色來看，連含金量只有約60％的定色，也依然呈現金黃色；如果沒有將所有規格的金箔放在一起評比，消費者很難以顏色來區別金箔的規格差異，更別說判斷目前食用的金箔，是否真的是食用等級。

雖然人類文明已經有幾千年的食用金箔歷史，隨著現代科技的進步與維護消費者「知」的權益，選用食用金箔前，應該選擇能夠明確提供製造金箔金屬原料種類與規格含量的廠商，而非單純只以產品含金量，或原始使用黃金原料純度來做為選購依據。

而依含金量與金箔片大小，金箔的售價可以由幾十元到上千元不等，但價格最便宜的，還是裁切金箔片後剩下的角料。有些廠商會將這些角料加工回收處理，重新製作成金箔；但市面上還是會看到將不同規格的角料收集在一起，以秤重方式販售；這是為什麼市售相類似的含金箔產品，有時候通路售價會有倍數差距的原因之一。

傳統金箔與奈米金箔的差異

外觀看起來都是金箔，如何區分傳統金箔與奈米金箔呢？儘管外觀看起來一樣，以高解析度掃描式電子顯微鏡（High Resolution Scanning Electron Microscope; HRSEM）驗證，將金箔片放大到一百萬倍後觀察，可以發現奈米金箔是由一顆顆的奈米金顆粒所排列形成的薄片。

使用一般光學顯微鏡觀察比較，傳統金箔因為是人工捶打製作而成，雖然肉眼看不見，顯微鏡下仍然可以看到金屬延展的粗黑線條痕跡；整片金箔的透光度不均勻，顯示單位面積的厚薄程度不一；顯微鏡中所呈現的光點，則是肉眼無法觀察到的破洞。

奈米金箔因為是採用機械系統的規格化生產，只有傳統金箔約四分之一厚度，由於非常薄，些微皺褶都會非常明顯，厚薄程度均一，儘管兩片金箔堆疊在一起（左頁圖中呈現粉紅顏色區域），還是呈現很好的透光度。

如果沒有儀器可以協助分辨，還有一個簡易的方法，可在手背上進行測試，將兩隻手背上分別放上傳統金箔和奈米金箔。因物理性奈米金箔是以純水進行材料收集，因此原始狀態就已含有水和奈米金箔，所以為了測試公平性，也在傳統金箔上滴加純水。再都以畫圈方式輕輕搓揉，然後觀察手背的皮膚。

由於傳統金箔是延展形式的製作工藝，分子間的鍵結是很堅強的金屬鍵，所以儘管打成薄片，搓揉的力道還是無法讓分子分散；最後會變成非常小的碎片或球團卡在皮膚的紋理中；仔細觀察可以看到皮膚上有小亮點。

而奈米金箔因為是由奈米顆粒堆積而成的，顆粒間是非常弱的凡得瓦爾力（van der Waals' force），手指輕輕搓揉就可以將之分散成奈米顆粒。人的肉眼無法看到奈米尺度的物質，因此在手背上會看不到奈米金箔的蹤跡。

高解析顯微鏡下的奈米金箔

奈米金箔雖然肉眼看到的是類似傳統金箔的薄片外觀，但在顯微鏡下放大到100萬倍時，可以看到奈米金箔是由一顆顆的奈米金顆粒堆積出來的。

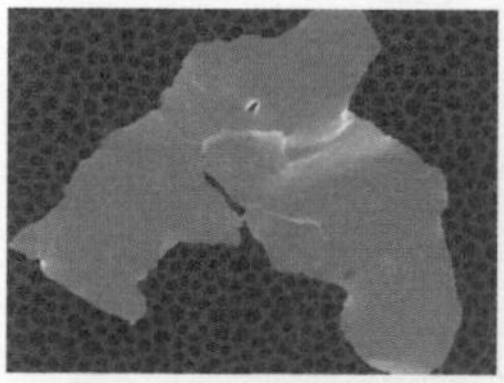
2,000X

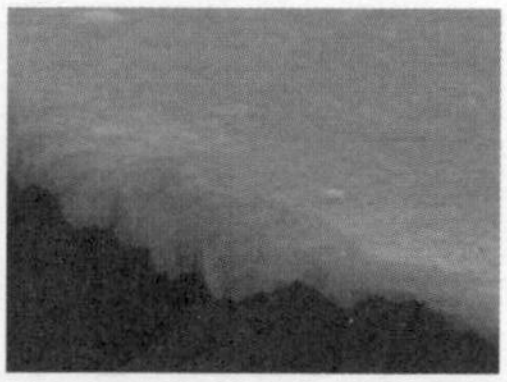
100,000X

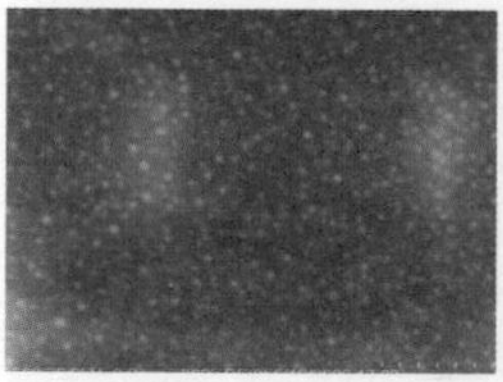
800,000X

1,000,000X

傳統金箔與奈米金箔比較

在一般光學顯微鏡下觀察，傳統金箔因為是人工捶打的，厚薄度不均一，透光性差，且可以清楚看到金屬捶打延展時的粗黑線條，圖中的亮點是肉眼看不見的破損。奈米金箔則是規格化的30nm薄片，就算兩片奈米金箔疊在一起（粉紅色處），仍然看得出相當高的透光度。

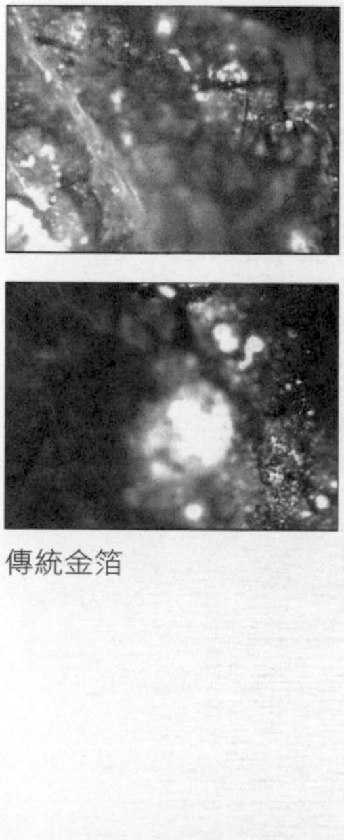
傳統金箔

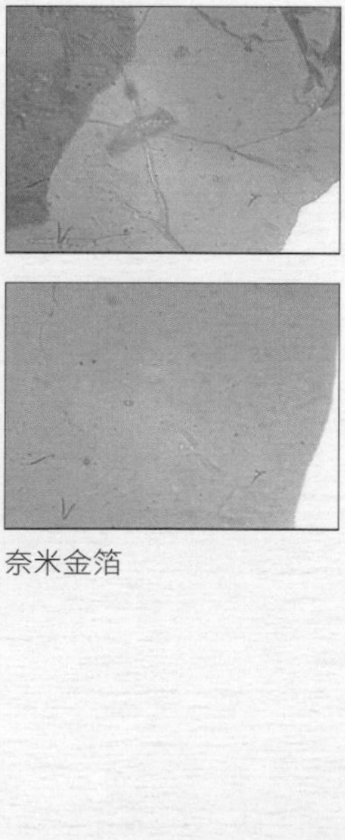
奈米金箔

奈米金箔

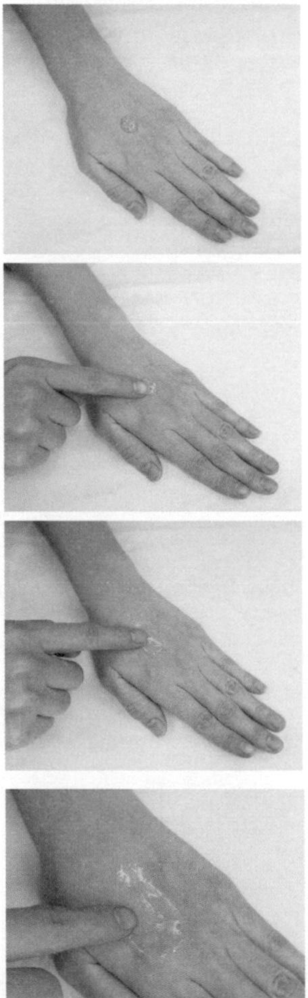

完全看不見奈米金箔

傳統金箔

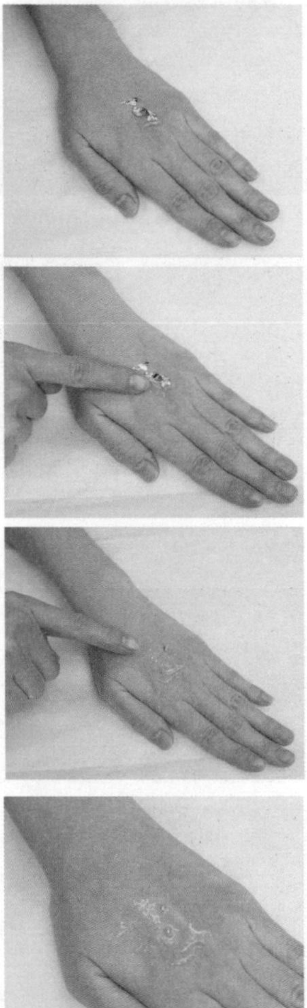

傳統金箔變成顆粒狀

黃金奈米化後，不再像原料形式一樣安定、不容易與物質起變化，巨大的表面積出現，被賦予新的性質，觸媒轉換與高效抗氧化等新生性質的出現，不但讓舊有的醫藥應用更具前瞻性，也更符合目前的實際應用面，同時也讓產業應用面橫跨電子、工業、製酒業、醫學美容與生技醫療，下面章節將詳細說明在生活和醫療的應用與功效。

黃金奈米化製程與傳統捶打工藝的金箔差異

	厚度	純度	物化特性	生物功能（發表國際期刊）
食用奈米金箔	30奈米	99.99%	黃金原子經凡得瓦爾力作用形成多孔隙金箔；高表面積	降低酒精性發炎抑制脂肪肝形成
一般傳統金箔	150～200奈米	含有銀或銅純度低於99%	黃金原子未解離；低表面積	無

第四章

奈米金在生活和醫療的應用與功效

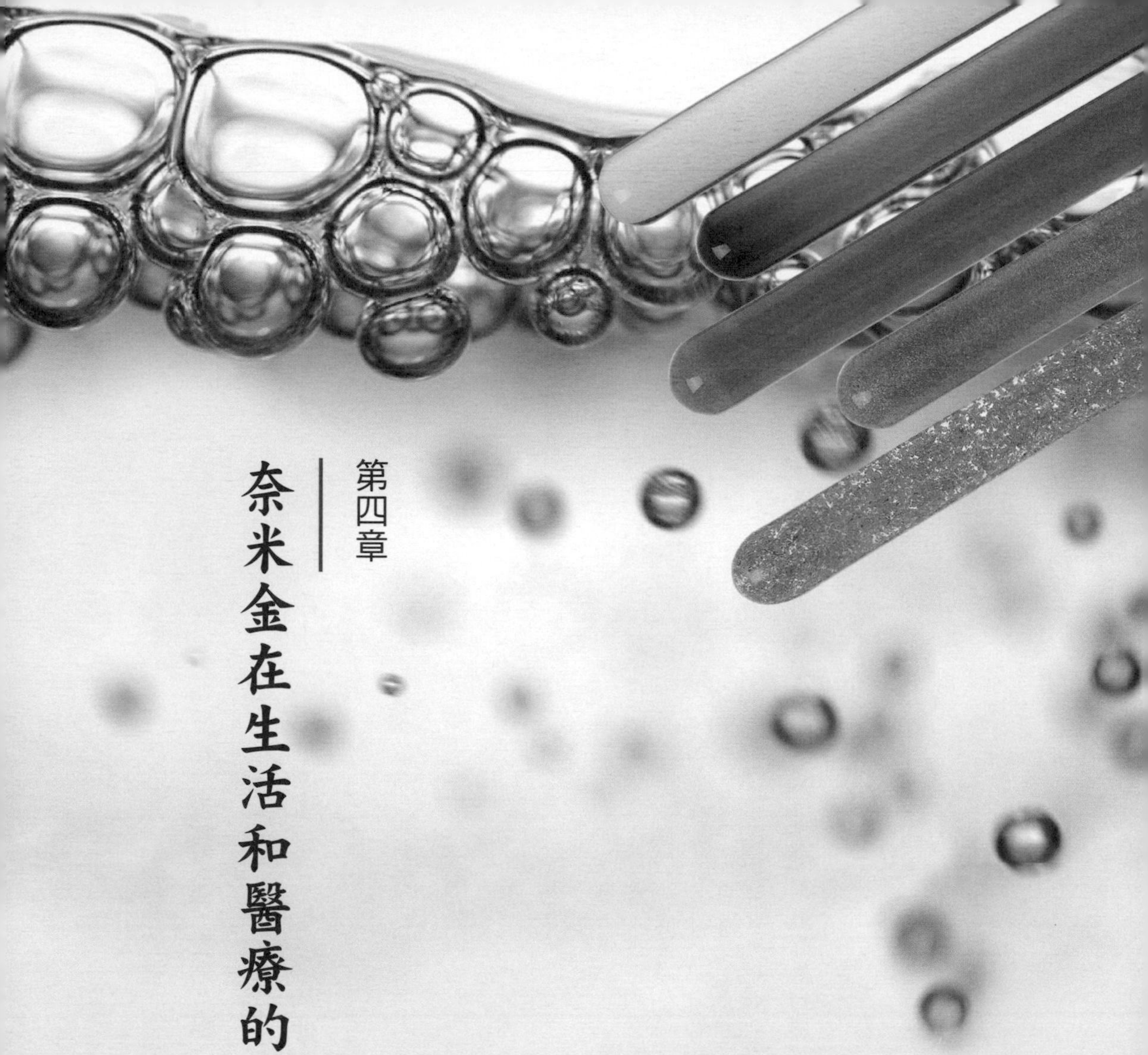

金是一種柔軟、延展性佳、金黃色的過渡金屬，化學符號是Au，原子序是79，熔點為1068℃，因為是元素週期表內，表列金屬陰電性最高的金屬元素。所謂的陰電性（electronegativity），又稱電負度、負電性，指的是組合分子的原子對形成鍵結之電子的吸引力，陰電性越大，表示拉電子的能力越強，依此可以用來判斷形成鍵結的模式，是離子鍵、極性共價鍵或非極性共價鍵。

這個原子核對電子吸引能力的概念，是由美國化學家萊納斯．卡爾．鮑林（Linus Carl Pauling），在一九三二年提出的，是用來描述元素化學性質的重要指標。計算分子中組成原子的陰電性差異，也能做為判斷物質為離子晶體或共價分子的依據。

所有元素中，陰電性最大的是氟（F），陰電性為4.0，其他元素的陰電性都是和氟的相較值。一般而言，金屬的陰電性都小於2.0，但金的陰電性卻有2.4，原子半徑小（0.1442 nm），原子核對電子吸引力大，不易發生電子轉移，不利於氧化還原等化學反應進行，因此有很強的抗氧化與抗腐蝕特性，加上良好的電和熱傳導性，容易形成金合金等特性，成為電子與半導體的關鍵原料，應用在接觸器與連結器塗層、印刷電路板的可焊表面塗層（PCBs）等。

奈米金觸媒的應用

金一直以來都被視為活性非常低，且安定性相當高的金屬物質，直到一九八七年，日本的春田正毅（Masatake Haruta）教授對奈米金觸媒研究的發現，驗證黃金奈米化之後，是具有活性的。觸媒（Catalyst）又稱催化劑，指的是可以加速或減緩化學反應的物質。在反應過程中，該物質並未實際參與化學反應，故不會產生永久性的化學變化而變質，因此可以長久使用不需要更換。

春田教授是金催化（Gold catalysis）研究的創始人，春田教授發現，把10奈米以下的奈米金承載於金屬氧化物上，在攝氏零下73℃的低溫下，奈米金依然可以吸附一氧化碳，並氧化成二氧化碳。當成觸媒使用，隨著奈米金粒徑減小，催化效果越佳，低於2奈米則催化效果減弱，因此常用的粒徑是2～5奈米。

隨著近年來金觸媒的研究增加，除了一氧化碳外，工業上常見的丙烯環氧化、不飽和碳氫化合物的氫化反應等，也能以奈米金做為觸媒；這些反應的觸媒，原本都是使用鉑（Platinum; Pt），也就是俗稱的白金為材質。鉑是地殼中最稀少的元素之一，主要產地為南非、俄羅斯與加拿大，價格昂貴。而金的價格，只有白金的二分之一到三分之二，不僅成本降低，商品應用的普及性也較多。

口罩、熱水器、消防設備新應用

以一氧化碳的轉化應用來說，一氧化碳是無色、無臭、無味的氣體，對血液中的血紅素有很高的親和力。血紅素是血液中紅血球的含鐵蛋白，平時主要的功能是進行氣體交換，隨著血流，攜帶氧氣提供給各組織器官，同時把不要的二氧化碳帶離組織器官。

但是當一氧化碳出現時，血紅素對一氧化碳的親和力是氧氣的二百到二百五十倍，因此會優先與一氧化碳結合，而降低攜帶氧的能力，造成身體的中毒現象。一氧化碳中毒現象通常不易被察覺，只會感到疲倦、昏眩等輕微不適，然後在不自覺的狀況下，昏睡死亡。一氧化碳大量產生是因為瓦斯燃燒不完全造成的，若在不通風的環境下發生，將會造成生命危險，是一般居家的隱形殺手。空氣中只要有35ppm，就會造成中毒現象；若處於10000ppm，相當於1%的一氧化碳濃度下，二～三分鐘內就會死亡。

與奈米金觸媒相比，白金觸媒在150℃以上的催化活性比金觸媒高，室溫狀況下反應性很差，而且怕水汽與二氧化碳，這兩者的存在也會讓催化活性降低。但金觸媒剛好相反，室溫下就能進行反應，且不受水汽影響；甚至在無氧的環境，也可以抓取一氧化碳本身做為氧化步驟的氧原料，進行一氧化碳的轉化；所以適合應用在會同時產生水汽與二氧化碳的產品上，例如：口罩、熱水器排氣管、汽機車觸媒轉化器等。市面上已經有以奈米金觸媒開發的面罩，用於火災時的逃生使用。開發業者表示在1%的一氧化碳濃度下，可以爭取約三十分鐘左右的黃金逃生時間，大大提高火場逃生的機會。

空氣汙染防制的運用

台灣所制定的汽車排氣法規，幾乎是全世界最嚴格的排氣標準，管制的排放污染物有一氧化碳、氮氧化合物（NOx）及碳氫化合物（HC），其中以氮氧化合物與碳氫化合物管制最為重要，因為它們經由陽光照射後很容易生成光化學霧，造成視線障礙，也會造成嚴重的空氣污染，影響呼吸系統的健康。

目前常見的汽機車觸媒轉化器為三相觸媒（Three-Way Catalyst），亦即以鉑、鈀（Pd）及銠（Rh）三種貴重金屬活性物質做為觸媒系統，將一氧化碳、碳氫化合物及氮氧化合物轉換成二氧化碳、水與氮氣。機車的觸媒轉化器位於排氣管中，而一氧化碳和碳氫化合物的氧化過程是屬於放熱反應，使得觸媒中心溫度高於攝氏500℃以上，因此機車排氣管都必須有防燙措施。由於白金價格昂貴，目前產業界已開發出以金觸媒取代白金觸媒的觸媒轉化器。在美國，大部分的汽車排氣污染是在啟動後五分鐘左右，由於此時溫度低於200℃，鉑及鈀觸媒還不能發揮催化作用，因此業者在催化系統中再加入奈米金觸媒，進行低溫催化，解決上述問題。

在綠能產業的角色

金觸媒的一氧化碳氧化功能也可以應用在燃料電池。溫室效應與環保意識的抬頭，讓人類積極開發綠色能源，燃料電池（Fuel cell）是一種直接將燃料化學能轉變為電能的電力裝置；其中以質子交換膜燃料電池（Proton Exchange Membrane Fuel Cell; PEMFC），又稱固體高分子電解質燃料電池（Polymer Electrolyte Membrane Fuel Cells），技術最成熟。這是一種以含氫燃料與空氣作用產生電力與熱力的燃料電池，沒有任何化學液體，發電後產生純水和熱，具備低汙染、高效率與燃料來源廣的優點，是全世界被積極開發的綠色能源之一。主要應用在電動汽車、電動機車、電動腳踏車及電動工具機的電池組中。日本電動汽車製造商，在二〇〇二年就推出了首款氫燃料電池車，並於二〇〇八年以出租車的方式小規模上市，預計二〇一八年正式量產。

燃料電池中含氫燃料的來源可以有很多種，只要是含有氫原子的能源都可以，例如石油、天然氣、酒精、甲醇等，當使用碳氫化合物做為氫氣來源時，會產生大量的一氧化碳。燃料電池的陰極和陽極材料皆以鉑為主要觸媒，雖然觸媒在反應過程中不會被消耗，但是有可能會與副產物結合而改變其化學性質，影響催化活性；這個現象稱之為電極的毒化（poisoning）。例如以甲醇為燃料的電池系統中，正常催化活性下，鉑電極會將甲醇氧化為二氧化碳並釋出電子，但是在水來不及提供的形況下，甲醇就會被氧化成一氧化碳而吸附在電極上，鉑電極會因而失去觸媒的功效；因此燃料中許可的一氧化碳含量，通常須低於千分之五（相當於5ppm）。配合運用奈米金觸媒對一氧化碳的高選擇性與氧化特性，使進料濃度中一氧化碳濃度低於5ppm，可避免電池系統中鉑電極的效率受到影響。

空氣清淨的新幫手

金觸媒還可以應用在空氣清淨方面，去除甲醛、三甲胺和氨氣等。甲醛是無色、刺激性強的氣體，有很強的致癌與致突變性質，影響人類的主要表現在嗅覺、刺激性、過敏、以及影響肝臟、腎臟與免疫系統的功能。由於甲醛有防腐性質，且價格低廉，所以被廣泛應用在工業製品中，例如化學纖維、橡膠製品、塑料、墨水等。居家中甲醛的主要來源是裝潢、家具、黏合劑、油漆塗料等。

三甲胺是無色的有毒氣體，長期吸入低濃度或短期吸入高濃度的三甲胺氣體，會刺激眼睛、鼻子、喉嚨和呼吸道。工業上多做為製備消毒劑和天然氣的臭味警報劑。自然界中，動植物腐敗分解也會產生三甲胺，魚類腥味就是三甲胺造成的，即便很少量的三甲胺，也會產生魚腥味。

氨是一種無色具有強烈刺激性的氣體，對於呼吸系統具有刺激、腐蝕性，運用在清潔用品、低溫製冷劑、肥料等，生活中主要經由清潔用品的使用接觸。

三甲胺的去除應用在一九九二年就已經商品化，該系統是將奈米金承載在氧化金屬三氧化二鐵（Fe_2O_3）載體上，但是仍然有空氣中汙染物逐漸吸附，導致奈米金觸媒毒化的問題，新一代的除臭系統，改用光觸媒二氧化鈦（TiO_2）為載體，可透過光的照射或陽光曝曬產生強化的氧化作用，分解附著成分，再生奈米金催化活性。

酒類的應用

酒是人類飲用歷史最長久的植物性發酵飲料。依照台灣酒稅法的定義，酒指的是含酒精成分以容量計算超過0.5%的飲料、其他可供製造或調製上項飲料的未變性酒精及其他製品，出現的年代幾乎是和人類文化史一起開始的。依製作方法的不同，分為釀造酒、蒸餾酒與再製酒等三類。

白酒中常見的有機酸對酒類製品風味的影響

成分名稱	風味描述
甲酸（Formic acid）	酸味、刺激、澀感
乙酸（Acetic acid）	醋味、刺激
丙酸（Propionic acid）	酸味、微澀
丁酸（Butyric acid）	泥土味
戊酸（Pentanoic acid）	脂肪臭味
己酸（Hexanoic acid）	微量有甜味，過量有脂肪臭味
乳酸（Lactic acid）	濃厚感，過量有澀味

釀造酒就是發酵酒，將水果或穀類等含糖成分，經過發酵、過濾、殺菌後製成的酒。由於酒精濃度超過12％以上時，發酵的酵母菌繁殖受到限制，即使使用酒精耐受度高的菌種，亦很少可以在20％以上的酒液中持續生長；因此釀造酒的酒精含量都在20％以下，屬於低度酒。例如米糧類的紹興酒、花雕酒、米酒和清酒，及各種水果酒、啤酒等。

蒸餾酒是歷史出現較晚的製作技術，將水果或穀類等含糖成分經過發酵、蒸餾製成，大都屬於酒精含量高於40％的高度酒。例如高粱、茅台、汾酒、大麴、伏特加、龍舌蘭、威士忌、白蘭地等。

再製酒又稱為配製酒，是將釀造酒、蒸餾酒或食用酒精，配上動物性、

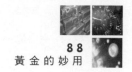

白酒中常見的醛類對酒類製品風味的影響

成分名稱	風味描述
甲醛（Formaldehyde）	刺激味，催淚
乙醛（Aldehyde）	綠茶味，水果味
正丙醛（n-Propylaldehyde）	青草味
正丁醛（butyraldehyde）	甜瓜味
異丁醛（Isobutyl aldehyde）	香蕉味，甜瓜味
異戊醛（Isoglutaraldehyde）	蘋果香

白酒中常見的雜醇對酒類製品風味的影響

成分名稱	風味描述
甲醇（Methanol）	酒精味、燒灼感
正丙醇（n-Propanol）	苦味
異丁醇（Isobutyl alcohol）	刺鼻臭味，苦澀
異戊醇（Isoamyl alcohol）	香蕉味，刺激感
丙三醇（Glycerine）	味甜，濃厚感

植物性藥材或花果類物質，調味配製而成的酒，大都屬於酒精含量在20～40％之間的中度酒或低度酒，例如人參酒、五加皮酒等藥酒。

無論哪一類酒類製品的基本步驟，都是將原料中的含糖成分，特別是澱粉，經過發酵過程，轉化為乙醇（酒精），常見的原料有大麥、小麥、裸麥、黑麥、稻米、玉米、小米、高粱等穀類，和葡萄、甘蔗、梨子、椰子等水果類；也有以動物乳為原料釀製的奶酒，如馬奶酒、羊奶酒等。

酒類製品在發酵過程中，除了產生酒精之外，還會產生其他副產物，包含有機酸、雜醇與醛類（特別是甲醛、乙醛）、酯類化合物等成分。有的成分，例如酯類化合物，是酒液特殊香氣的來源，但是其他副產物，像是雜醇、醛類、有機酸等，卻會干擾酒品風味、造成宿醉、增加肝臟代謝負擔與影響身體健康。

新釀的酒，尤其是蒸餾酒，含有許多辛辣的成分；使用陶甕、橡木桶等特殊容器，存放於特定環境條件下，經過一段時間，可以逐漸降低這些干擾因子，增進酒液品質，這個步驟稱為熟成（aging）。以威士忌為例，威士忌是以大麥、玉米、裸麥等穀類為原料釀製，經發酵、蒸餾後的酒液是無色透明的；放在橡木桶中一段時間後，橡木桶的香氣、單寧酸與木材色素等，逐漸釋出與酒液混合作用，因此形成特殊的香氣、風味與顏色。同時橡木桶具有空隙，可以讓酒液「呼吸」，若儲存環境靠近海邊，將來酒液就會帶有鹹鹹的海風味。

一般來說，酒液達到最佳狀況的儲存時間並不一樣，這個狀況稱為「高峰期」；影響高峰期的因素很多，有些酒液三年就可以達到高峰期，大部分是八到十二年，有些則可以長達三十到五十年，過了高峰期後的酒液會開始老化。「儲放時間越長，酒液就越醇厚」的說法其實不盡正確，但是酒液到達高峰期的時間跟製作成本有關，時間越長，成本越高，自然價格也越貴。這就是為什麼酒類製品的好壞與價格，會和年份畫上等號的原因之一。

加速酒類熟成

製酒業熟成的方式，以儲放為主，時間就是一個重要的成本因素。目前有許多研究，是針對如何加速酒液的熟成，縮短達到高峰期的時間，包括以超音波、靜電或運用不同化學物質；例如利用活性碳來促進熟成。國際間有一種增加產品外觀區隔性，同時兼具熟成催化效果的作法，就是加入食用等級的奈米金箔。

在酒中加入金箔的作法由來已久，台灣、大陸、日本、瑞士、義大利、紐西蘭、俄羅斯、印度等國家皆有生產；添加使用的是傳統金箔，使用金箔規格主要是22K～24K，1克拉（Karat; K）用百分比表示相當於4.1667%，因此推算出22K～24K黃金純度為91.67%～99.99%。各個國家對可食用金箔的定義沒有一致性，有的

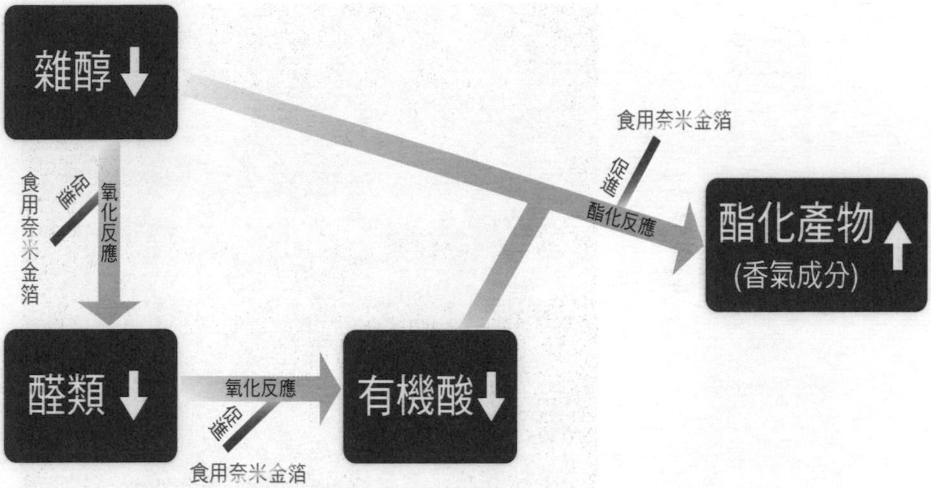

酒液熟成的目的

經研究證實，食用奈米金箔協助醛類和雜醇的氧化，以及有機酸的酯化反應，促進酒熟成，縮短達到高峰期的時間。

目前使用金箔增添華貴感的酒以40%以上高度酒為主，食用奈米金箔不僅凸顯酒品外觀，有嚴格的產品製造規格，更是衛生福利部核可的合法添加物，明確提供消費者食用的保障。

傳統金箔酒，以裝飾為主。

國家甚至沒有法律約束，因此使用規格落差很大。亞洲地區有明確定義食用金箔規定的，只有台灣和日本。

傳統金箔因為是捶打的工藝，只是將黃金延展成薄片，本身安定的特性不變，因此添加的目的是以裝飾為主；讓消費者感覺尊貴，讓收到禮物的人感到尊榮，增加產品差異化與市場區隔性。

現在台灣市面上有一種經過衛生福利部（前行政院衛生署）核可，可以添加使用在糖果、糕餅、巧克力與酒類的食用奈米金箔。這種奈米金箔是運用物理性奈米

金技術生產出類似傳統金箔外觀的產品，以奈米顆粒堆積而成的食用奈米金箔。除了裝飾外，經研究證實，因為表面積增加，而出現觸媒催化性質，可促進酒中醛類和雜醇類的氧化、與有機酸的酯化反應，快速促進酒的熟成，提升酒液的風味、口感與質地。根據專業品酒師的測試經驗，高粱等白酒使用食用奈米金箔進行熟成兩個星期後的酒液口感，相當於一般傳統熟成方式存放七年的酒液口感。

改善酒精引起的肝臟損傷

身體代謝酒精飲料的器官是肝臟，酒精經由肝臟中的酒精去氫酶（Alcohol dehydrogenase; ADH）代謝後會產生乙醛。除此之外，新蒸餾好的酒，乙醛含量也會偏高，造成飲用時的刺激性；經過熟成後，乙醛含量才會逐漸降低，飲用時口感才會醇厚。因此酒精性飲料中，乙醛的來源有兩個，酒液本身含有的，與肝臟代謝產生的。乙醛本身是具有毒性的物質，過量的乙醛會造成身體代謝負擔，所以身體會盡速將乙醛藉由乙醛去氫酶氧化代謝成乙酸，乙酸會進一步進入三羧酸循環產生生物體細胞能唯一能運用的能量形式ATP，所以酒精飲料是有熱量的，每一克的酒精可以產生七大卡的熱量。

研究顯示，東方人因遺傳因素，代謝乙醛能力較差，所以容易堆積在體內產生

毒性；乙醛也會造成噁心、心悸、嘔吐等症狀，被認為是造成宿醉的原因之一。而長期使用大量酒精性飲料的個體，則會造成脂肪肝、酒精性肝炎、肝硬化、神經系統障礙等問題，這些病理現象，也被證實與乙醛有關。若不及時治療，更會引起肝癌，所以飲用酒精性飲料，必須控制攝取量，避免造成身體的負擔。

食用奈米金箔除了加速酒類熟成外，對於酒精引起的肝臟損傷可能有改善作用。長期飲用酒精飲料造成的肝臟傷害，因素非常複雜，可能和不平衡的脂質代謝、氧化壓力與發炎反應有關。造成肝損傷的過程中，脂肪肝是最先出現的，造成的原因是，酒精的代謝增強了肝臟脂質合成作用，與減少脂質的氧化代謝；用的少卻合成的多，脂質長久累積下來就造成脂肪肝。

一項由台北醫學大學楊素卿教授執行的動物試驗結果顯示，長期飲用酒精飲食的老鼠，若在食用酒精飲食時，與食用奈米金箔一起服用，會減少肝臟脂質的堆積、增加肝臟抗氧化狀態、與降低肝臟因酒精引起的發炎因子等。這樣的結果表示，食用奈米金箔可能可以減少酒精引起的肝臟損傷。相關研究結果，於二〇一三年發表於國際科學期刊〈*Alcohol 47*（6）*:467-472*〉。值得注意的是，提供給老鼠含食用奈米金箔的酒精飲食，有先經過一小時的熟化過程後，才提供給實驗動物。這是第一次有實驗證實，食用奈米金箔在酒類製品中的應用，除了裝飾、催化熟成外，對肝臟也可能有正面的影響。這可能意味著傳統釀造產業的革命，正代表著奈米金催化的性質，由工業、環保應用面逐漸延伸到民生產業的實踐。

醫美與保養品的應用

保養品近年來吹起奢華風，各大知名品牌紛紛將珍貴的寶石與礦物加入保養品中，希望這些珍貴元素的能量，也能為皮膚所利用，協助肌膚保養，甚至是延緩肌膚老化。常用的素材有水晶、鑽石、璧璽、珍珠、琥珀、孔雀石等，當然也會用到貴重金屬，以白金和黃金最常見。

植入金絲，黃金線拉皮

黃金與美容的關係，可以由歐洲風行到亞洲的金絲植入手術說起。隨著人類物質生活越進步，對自我的外在形象也越關注，醫療不再是被認為有需要才尋求的被動行為，主動式追求改善身體外觀的醫療行為，這種醫療需求稱為醫學美容。醫學美容的出現與經濟發展息息相關，自一九六〇年代開始，經濟逐漸成長，讓薪水除了養家餬口外，有了可以額外應用的額度，抗老回春這些名詞，開始出現在生活中。

在歐洲，整形外科醫師把純度24K（99.99%）、約0.1mm直徑的細小金絲埋在皮膚底下，協助臉部與頸部皮膚恢復緊緻彈性與皺紋撫平。當時雖然機制不是很清楚，但是由於效果傑出，因此讓金與肌膚抗老回春的功效畫上等號。加上植入的金絲細小，傷口小；而金的高生物相容性，也讓傷口的發炎機會變低，降低術後傷口照護的困難度。

與一般的拉皮手術相較，金絲植入手術恢復期較短，因而大受歡迎。這種新型的醫美整形操作，很快的就在歐洲各國流行起來，甚至風行到日本與韓國。使用金絲的區域，大都在皺紋常產生或容易下垂的區塊，例如額頭、眼尾、兩頰、下巴、植入皮下的金絲的規格要求嚴格，必須是直徑 0.1mm的24K（99.99%）純金線，才能在刺激肌膚回復緊緻的同時，造成最少的發炎反應。產品包裝型式以無菌單一密封包裝最好。

頸部等。

這種金絲植入是一種高技術性的醫美操作，雖然金絲細小柔軟，延展性又好，但金絲畢竟是固體，而人的臉部是立體結構的軟性組織，不少案例出現不平整、凹陷、或突起的問題。有些因為醫師無法正確拿捏進入皮膚的深度，出現穿刺性傷口的醫療糾紛。在這種醫美手術成功的案例中，也有一層隱憂，一些臨床研究案例的報導顯示，植入金絲數年後，可能因為施力不當、撞擊等因素，導致金絲斷裂成小片段；這些斷裂的金絲，排列方向的紊亂性，會造成植入者疼痛不堪，因此需以手術除去植入物。狀況嚴重的，還需要連植入區域的皮膚組織一起去除，最後再以醫材填充物填補去除皮膚組織後造成的凹陷。雖然有這麼多的風險，但是因為金絲美容撫平皺紋的效果明顯，讓這種醫美手術出現進階版的應用。

為了讓金絲能夠完整的覆蓋臉部與頸部組織，讓使用區域性由局部擴及到全面性覆蓋，一九九〇年代，黃金植入的方式有了改變。為顧及柔軟度與臉部結構的立體性，將金覆蓋在羊腸線或其他外科手術縫合線上，讓金線可以利用外科縫針容易穿梭在臉部與頸部肌膚，形成網格狀的全面覆蓋，進行拉皮操作或埋線。除臉部外，甚至可以運用在身體隨年齡增老，容易鬆弛的大腿內側與腰腹等區域，這就是市場上所謂的「黃金埋線」或「黃金線拉皮」。

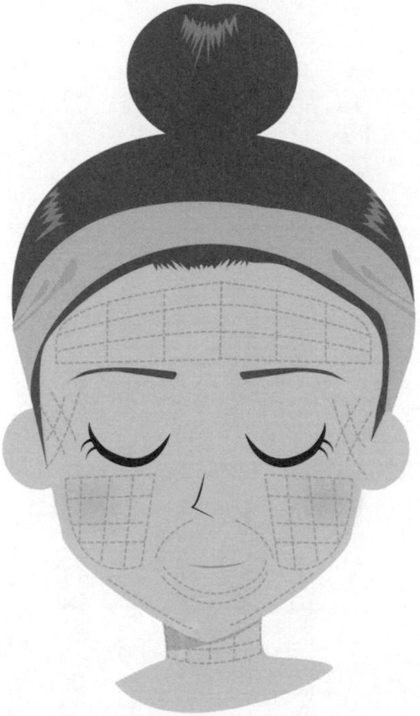

金絲療程示意圖
金絲植入的區域大都是容易產生皺紋或下垂的地方，單一植入方向性，視需求由臨床醫師決定該區域植入的金絲數目。

促進膠原蛋白增生

到底金如何讓肌膚回復年輕時的緊緻狀態呢？近代醫學研究得到了解答。皮膚是人體最大的器官，由外到內可分為三層組織結構，分別是表皮、真皮與皮下組織。一般提到的美容保養，都以表皮層與真皮層為主。表皮層負責人體的防衛機制，讓物質無法隨意進出；同時對外在的刺激，像是乾、冷、熱、紫外線等提供屏障保護。肌膚最外層角質細胞內，只剩下30％的水分，低比例的水分意味著相對高比例的脂質覆蓋在皮膚表面，可以有效的避免體內水分經由皮膚散失，主要提供的是障蔽型的功能。

真皮層主要負責皮膚的支撐力與彈力，年輕皮膚呈現水潤飽滿的外觀，也是真皮層結構所造成的。真皮層是富含有膠原蛋白、彈力纖維與玻尿酸基質等成分，可以保存大量的水分，並讓肌膚富有彈性。而在真皮層之下的皮下脂肪層，則具有維持體溫，提供機械性撞擊的緩衝功能。既然真皮層主要負責皮膚的彈力與支撐力，隨著年齡的增長，皮膚老化現象，當然與真皮層最有關係。其中的關鍵元素，就是膠原蛋白。

膠原蛋白是脊椎動物體內含量最高的蛋白質，在真皮層中，如同鋼筋混泥土中的鋼筋，支撐肌膚的結構與彈力。一般正常人體內膠原蛋白含量最高的時期是

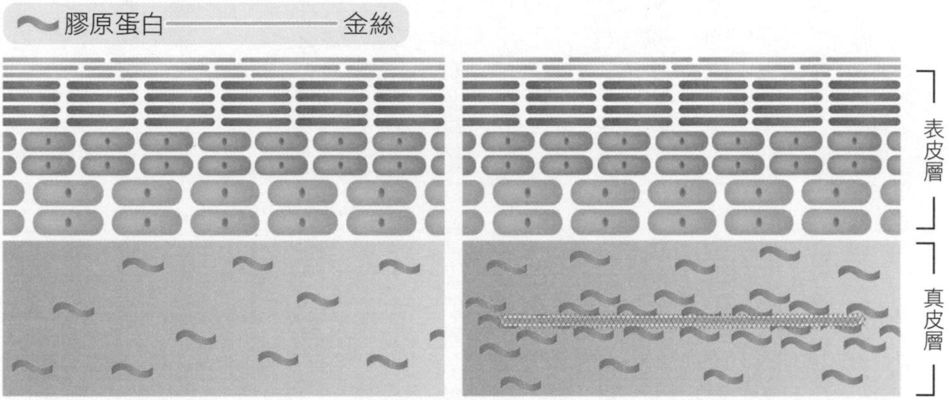

金絲植入真皮層後，因為異物感刺激膠原蛋白增生包裹，避免組織受到進一步傷害，因而改善肌膚鬆垮、缺乏彈性與皺紋等老化現象。

二十五歲，過了二十五歲，膠原蛋白含量開始明顯下降，就會出現皮膚鬆弛、彈性變差、皺紋、到最後因真皮層再生機制的疲弱，導致皮膚變薄等老化現象。

金絲植入的標的區域就是真皮層。儘管黃金的生物相容性非常好，但是有異物進入皮膚組織時，還是會自動啟動肌膚的防衛機制；金絲是外來物，插入真皮層中的動作如同破壞真皮層結構的完整性，製造出創口。為避免外來物對組織細胞造成進一步的傷害，分泌膠原蛋白的纖維母細胞會接到指令，產生大量的膠原蛋白，包裹在金絲的外面，同時進行傷口的填補修復。膠原蛋白新生的能力會隨著年齡增長而降低，因此老化肌膚的膠原蛋白含量較少，金絲植入的動作剛好做為刺激膠原蛋白增加分泌的動力；膠原蛋白含量增加，皮膚自然回復緊緻彈力；皺紋也會有撫平的現象。事實上，只要是異物植入都會造成膠原蛋白增生的現象，只是因為黃金的生物相容性很高，造成的發炎反應小，因此逐漸被廣泛的應用。

含金保養品真的有效嗎？

金絲植入畢竟是手術型的操作，傷口再小，還是有照護與疼痛的問題，儘管已經證實金絲植入對衰老肌膚的功效，是因為植入異物感造成的。那熟齡前的肌膚，是不是可以依靠日常含微量黃金的保養品，達到延緩肌膚老化的目的呢？

腦筋動得快的廠商，在沒有任何科學證據支持下，直接把傳統金箔加在保養品中，原因是黃金的安定性，與傳統金箔自古以來的應用，大都以覆蓋在物件的外面協助物件保存，例如前面提到以金箔為衣的藥丸。因此認為這是因為黃金具有很高效的抗氧化性，藉由皮膚吸收後，可以將這樣的好處帶給肌膚細胞。

現代保養品都會著重說明產品具有抗氧化功效，尤其是抗老化的保養品，原因是體內自由基代謝不平衡，很容易造成肌膚提早出現老化的現象。

人體在自然生理狀況下，體內本來就會含有一定量的自由基。自由基是體內免

傳統金箔保養品（左）和物理製程奈米金箔保養品（右）的比較：金箔顏色有明顯的差異性，傳統金箔保養品的成分標示中，使用金箔等級只標示純金箔，金的純度不明。純金奈米金箔，僅使用9999純金為原料，呈現黃金原始的金黃色。讀者選購時，要選擇規格標示清楚的產品，才有保障。

疫系統的一部分，在身體受到外來病原菌或異物入侵時，免疫系統就會產生自由基來對抗威脅。

另外，飲食的消化代謝過程中也會產生自由基，既然是正常生理運作機制的一部分，人體自然也配有自由基的清除系統，在威脅解除或體內含量過高時，協助回復到正常生理值。但是因為現代人的生活型態，常處於高度壓力的緊繃狀態、飲食不均衡、生活作息不正常、陽光中的紫外線、生活環境的汙染等，種種外在因素影響下，都會讓體內的自由基變多。

自由基來不及被清除而累積在體內，就會造成體內氧化壓力過高，引起身體內部的慢性發炎。已有研究顯示，人類慢性病的成因中，有一部分是因為體內氧化壓力過高，導致長期慢性發炎的結果。

既然身體會受到過量自由基的影響，皮膚組織也會因過量的自由基而導致分解膠原蛋白的酵素被活化，造成膠原蛋白非正常代謝週期的分解。同時自由基也會影響膠原蛋白結構的穩定度，讓這個鋼筋對皮膚的支撐力

貢獻減弱，出現彈力缺乏的現象。膠原蛋白的生產工廠——纖維母細胞，也會因為自由基的攻擊變得不健康，讓膠原蛋白的新生能力減弱。

上述因素的總和，讓膠原蛋白破壞的多，生成的少，因此皮膚就會出現熟齡前的提早老化現象；這種現象最常出現在長期日曬的農夫或生活型態日夜顛倒的人身上。因此理論上，以抗氧化物質而協助肌膚清除過多的自由基，的確是可能延緩肌膚老化的方式之一。但是不要忘記，傳統金箔的製作方式是將黃金塊材捶打成薄片，本質上還是黃金，而黃金的抗氧化性是因為本身的低反應性，而非還原自由基；更何況傳統金箔塗抹在皮膚上，被皮膚吸收的量很有限，所以使用傳統金箔的保養品，實質上的訴求還是以裝飾為主。

奈米金能加強保養品的吸收

黃金奈米化之後，表面積大增，讓奈米黃金出現新的性質，促進有效成分的經皮吸收、清除自由基的高效抗氧化能力等，都還只是有限的了解，但是這些新性質的應用，已經藉由傷口癒合的實驗模式得到證實。

一項由輔仁大學生醫暨光電跨領域研究中心梁耀仁主任執行的傷口癒合評估計畫結果顯示，使用兒茶素、硫辛酸與物理性奈米金的組合配方，對於一般傷口癒合，甚至是糖尿病傷口癒合有促進作用。實驗在糖尿病鼠的背部製造長度達一公分、深度為肌膜以上的全皮膚層切創，再將含有不同有效成分的水膠配方，塗抹在傷口上；每天一次，七天後觀察傷口癒合的情況。水膠基本組成只有甘油與透明膠（Polygel）。

結果顯示，含有物理性奈米金的配方組合，明顯呈現促進糖尿病鼠傷口癒合的現象。這個結果也說明，這個配方除了可能透過抗氧化與抗發炎的作用，協助傷口癒合外，物理性奈米金能加強皮膚對有效成分的吸收，增加有效成分被細胞利用的機率，因而讓這個配方組合達到最佳促進體表傷口癒合的狀態。

相關研究已發表於二〇一二年國際期刊〈*Nanomedicine* 8（5）:767-775與*European Journal of Pharmaceutical Sciences* 47（5）:875-883〉。有趣的是，把這個傷口癒合的配方組合，應用在美容保養品中，對於敏感性肌膚的修復，與正常肌膚皮膚細緻度的提升，都產生不錯的效果；顯示物理性奈米金加強有效成分吸收的用途，不論肌膚有沒有創口，都能展現。未來在美容保養品的應用上，就會有更明確的添加用途。

另一項與財團法人金屬工業研究發展中心合作，進行奈米複合醫材評估計畫的研究結果顯示，物理性奈米金會刺激纖維母細胞表現較多的膠原蛋白合成酵素，與增加角質細胞表現大量的玻尿酸合成酵素。在組織工程學的研究更證實，物理性奈米金會促進纖維母細胞增生。這些功效特性，正是協助肌膚保養最需要的功能，亦即藉由維護真皮層組織結構的健康，達到維持肌膚飽滿健康的狀態。

因此歐美各大保養品品牌的頂級系列，紛紛添加奈米黃金做為護膚成分，大多數使用的奈米金是以化學法製得；顯性的大量添加應用，是以抗氧化、膠原蛋白增生為主；隱性的添加使用，則大都是以協助有效成分吸收為訴求。

奈米金除了可以添加在保養品中使用外，也可以被當成輸送載體，搭配新式經皮吸收設備系統的使用，讓一些大分子的有效成分，不受肌膚表皮障壁的影響，可以直接進行肌膚深層的投遞，到達實際發揮功效的區域；能有效減低有效成分樣品需求量，減少資源浪費。

醫療器材的應用

黃金是治療常用的金屬材質，例如心血管支架也運用金進行表面覆蓋。現代人飲食太精緻，容易造成膽固醇等脂肪堆積在血管壁上，造成狹窄，若發生在心臟的冠狀動脈，容易引起患者心絞痛或氣短等心肌缺氧症狀，危害生命，因此需要在狹窄血管內置放支架。但在醫療器材開發中，面臨血管系統的挑戰最高。

血管支架是一種特殊的金屬網狀物，有各種不同長度與直徑，可依病患需要，置放在有問題的血管中。但是臨床發現，血管內皮細胞被撐開後，使血管平滑肌細胞增生，血管壁增厚，支架的網狀空間中生長出新的血管內皮組織，所以即使裝了支架，仍有機會再次發生狹窄；因此發展出不同材質的塗膜或覆蓋上藥物，避免或減低血管壁會增厚的機會。黃金因為有很高的生物相容性，覆蓋在支架表面，可降低外來物反應，減緩血管壁增厚的情況。

水性聚胺酯奈米複合材

聚胺酯（polyurethane; PU）是一種應用廣泛的高分子材料，常應用在黏合劑、塗層、泡沫和塑料海綿、人造皮革、鞋墊等，因為有很好的抗凝血性質、優異的彈性與透氣性，也用於製造保險套、導管和傷口敷料等醫用器材和材料。高達90％的聚胺酯，是有機溶劑型的製程產生，主要溶劑有甲苯、己烷、二甲基甲醯胺（DMF）等，且含有高毒性的二異氰酸鹽，由於環保意識的覺醒，將這種高功能性的材料由傳統溶劑型作法改為水性化是必然的趨勢。雖然已經投入大量研究進行水性製程改良，但水性聚胺酯的物化性、耐熱穩定度等問題，還無法完全取代溶劑型聚胺酯。

水性聚胺酯的改良方式很多，包含聚合單體選擇、合成方式、改變架橋方式等，加入物理性奈米金均勻混拌進行改質，形成水性聚胺酯奈米複合材，則是近年來新的發展方向。

台大高分子科學與工程學研究所徐善慧教授的多年研究顯示，物理性奈米金由於原料只有奈米金與純水，不含任何分散劑，所以刺激性低，混拌進去之後，奈米金能很均勻的分散到水性聚胺酯中，沒有發生聚集，提升的性質包含機械性質、熱性質，代表比較能承受不同的加工方式；生物體外來物反應降低，免疫細胞聚集少；清除自由基能力提高，生物分解時間延長；增加細胞附著性與減少微生物附著等。這些生物穩定度與生物相容性質的提升，在使用與人體免疫系統相似的豬動物模式中，得到進一步確認。

徐教授再將水性聚胺酯奈米複合材植入血管中，結果顯示，血管支架常發生的平滑肌增生現象，有明顯降低的趨勢。這表示未來水性聚胺酯奈米複合材的應用，由敷料、導管進階到心血管支架，對改善相關醫療器材目前面臨的問題，將有顯著的幫助。

徐教授的奈米複合材研究還擴及不同的高分子材料，包含使用幾丁聚醣與物理性奈米金混合，形成神經修護的生醫材料等。

外傷病人中有2.8%受到周邊神經的傷害影響。同種神經的自體移植已經是周邊神經修復的標準方法，但是如果缺損部分太嚴重，就需要人工神經導管的協助。

神經導管能提供修復中的新生神經方向性和支持性，加速周邊神經修復。以幾丁聚醣—奈米金複合材料製成神經導管後，進行神經修復動物實驗，六週後，發現幾丁聚醣—奈米金複合材料含微溝槽導管可加速神經缺口的修復，這顯示奈米金在神經醫學方面的應用突破。

協助藥物經皮吸收

人體吸收藥物的途徑有很多種，例如口服、注射、舌下、黏膜等，其中以皮膚做為吸收媒介，將有效成分由皮膚吸收進入身體內運用的方式，稱為「經皮吸收」。經皮吸收的行為我們每天或多或少都在執行，敷面膜、塗抹保養品、貼痠痛貼布、擦護手霜等，都是經皮吸收的例子。

在醫學應用上，因為經皮吸收使用途徑的便利性與友好性，不論使用者是生病臥床或可以自由行動、是年長者或是幼童，都非常適合使用這種藥物吸收方式。同時因為是透過皮膚直接吸收進入體內，不會受到消化道內消化液 pH 值變動的影響，造成藥效減退。若有藥效造成個體不舒服的現象，可以直接由皮膚上移除等，是非常好的藥品吸收方式。既然是這麼好的藥物吸收方式，為什麼我們生病時還是得吃藥打針，而不是用藥物貼，原因就出在皮膚的結構。

皮膚組織是多層多種細胞排列的緻密結構，通過每一層細胞，都是一種挑戰，因此經皮吸收的分子不能太大，不能超過500道爾吞（Dalton）。我們常聽到的美容成分，例如維他命C分子量為176.12道爾吞，傳明酸也只有157.21道爾吞，市售的痠痛貼布分子也都遵守小於500道爾吞的限制，才可利用經皮吸收的方式。若大分子的成分想要突破限制，就必須以劑型或使用儀器類的設備來輔助。

人類皮膚最外層角質細胞只剩下30%的水，是相對親油性的環境，若要開發經皮吸收的產品，可以先補充皮膚水分，讓角質細胞充滿水之後，再進行藥物經皮的滲透吸收。或者直接把藥物劑型調整為親脂性的配方，但是大部分的藥物，因為要避免體內的殘留問題，大都設計為親水性質。因此若改為親油性的配方，例如微脂體（liposome），動力學與藥效的改變有可能會影響治療效果，增加開發的複雜性。另外還有一種方式，就是加入滲透促進劑（Penetration Enhancers）協助，這些成分有些具有刺激性，一般而言，效果越好，刺激性越大。

為了增加經皮吸收的效果，還有一些輔助方法或設備，包含通入微電流、超音波或以破壞皮膚結構造成創口，以利藥物吸收。其中以電流的方式促進效果有限，使用超音波會增加使用程序的複雜度，皮膚破壞性的方式雖然能達到很好的藥物吸收效果，卻會帶來後面傷口照護的問題。

目前有一種破壞性較低的作法，是使用微針（Microneedles）。微針是由許多針頭排列成一個小方格或滾輪，藉由在皮膚表面按壓或滾動，製造出一個由外而內的小通道，藉此增加藥物的吸收。這個系統有不同粗細、長短的針頭規格，可依藥物分子大小或實際發揮療效的皮膚深度來選擇。

一般的微針規格，使用後會有血水或組織液滲出。目前有廠商推出比毛細孔還小的針頭規格，協助藥品吸收；按壓在皮膚上，幾乎沒什麼使用感；但肉眼還是可以辨別出非常細小的皮膚孔洞，協助藥品吸收。

無針式經皮吸收藥物輸送系統

除了這些被動的經皮吸收方式之外，還有一種儀器類的主動投遞方式。在歐美等已開發國家，對生活品質要求，連吃藥打針都要講究，因此有所謂無針式的經皮吸收藥物輸送系統，運用彈簧形成的壓力，將液體藥物以水柱注射進入人體。但是彈簧水柱的壓力很大，還是會造成不舒適感。這種方式因為沒有針頭，安全性高，居家也能使用，對慢性病患者、需要長期使用注射藥物的人，或者對針頭的恐懼感的族群，是一種很受惠的藥物吸收方式。現在由於高齡化社會的來臨，老年人因為皮膚薄，打針痛感會更明顯，加上可能還伴隨行動方面的問題，因此這類安全性高、適合居家使用的醫療器材，有非常大的發展空間。

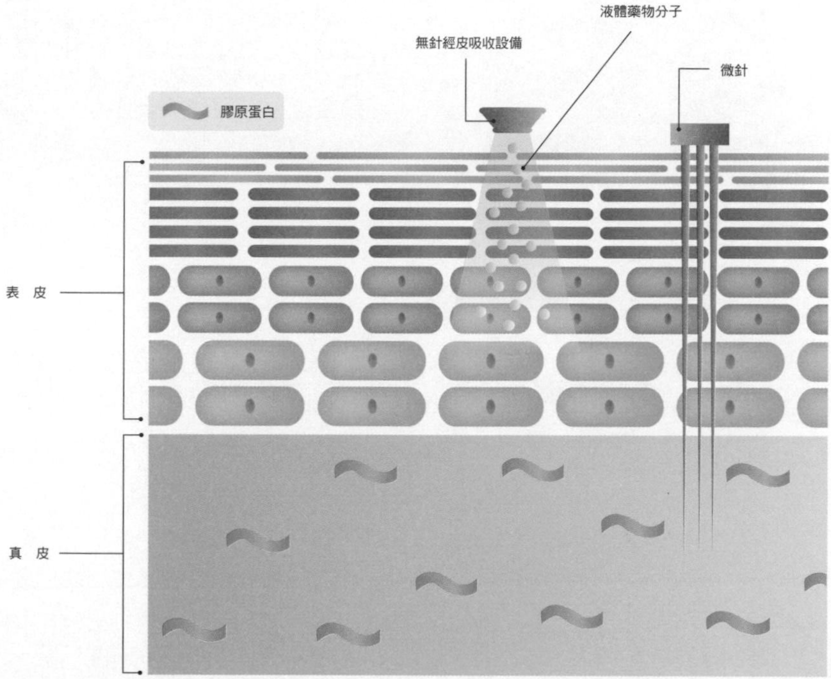

微針是運用針頭在皮膚上建立創口，形成通道，增加有效成分的經皮吸收。無針式經皮吸收設備則是在沒有創口的情況下，主動促進有效成分經皮吸收。

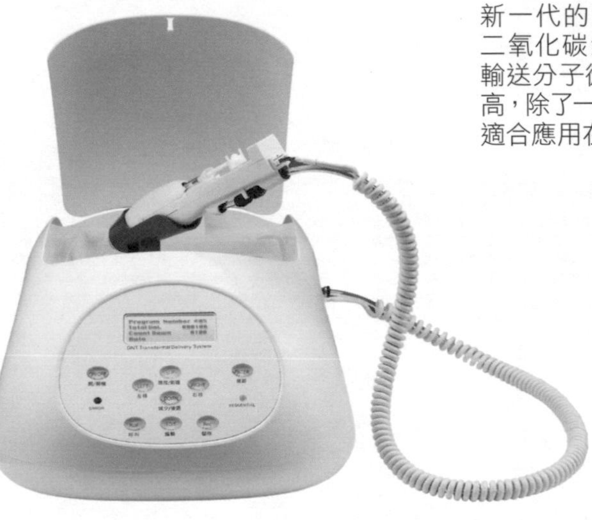

新一代的液態藥物輸送系統，以二氧化碳氣體為輸送氣源，特殊輸送分子微小化設計，使用舒適度高，除了一般藥物吸收使用外，也適合應用在醫學美容產業。

台灣有醫材研發製造業者順應這個時勢，開發出以二氧化碳氣體為輸送動力源的輸送設備；先將液體藥物與二氧化碳氣體在輸送管中充分混和，霧化形成小的微滴，接著低壓氣體再將這個微滴輸送進入皮膚使其吸收。輸送關鍵，在於微滴大小與輸送氣體壓力間的配合。

以氣體輸送最大的問題，就是要考量輸送物質的質量。若質量太輕，氣體輸送過程中容易飄散；比如灰塵就算不額外施力，只是走路經過，都會讓灰塵飄起來。若質量太重，氣體乘載度會不完全，輸送效率會受影響；就算可以輸送，在穿透皮膚瞬間所產生的振動波也會比較大，影響舒適度。因此在氣液

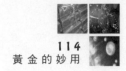

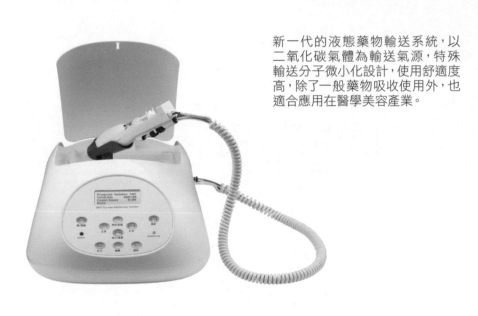

兩相混和過程中，必須產生適當的微滴大小，才能產生足夠的動量穿透皮膚，也因為如此，在這種液態藥物的經皮輸送系統中，載體是不一定需要的。

傳統的氣動式經皮輸送系統，為乾粉式的樣品投遞，乾粉質量輕，必須接上載體，才有可能產生足夠動量穿透皮膚障蔽。因為金的高生物相容性，因此最常用的載體就是金粒，粒徑大小有 600、1000 和 1600 奈米，輸送分子越大，使用載體顆粒就越大，穿透皮膚所造成的振動波越大，有時會導致出血現象，加上傳統方法，使用前必須先將樣品製備成乾粉，手續相對繁瑣。

目前這個液態藥物輸送系統，已取得台灣第一級醫療器材的認證，獲得台灣、大陸、日本、美國、歐盟等多國專利，專利投遞的分子量為 600 奈米以下的金粒，和 80kDa 以下的玻尿酸，有60％～75％的有效投遞率。常用的輸送氣體壓力範圍為 80～150 psi。一般而言，輸送的分子越大，所使用的輸送氣體壓力越大，但是若配合適當的載體包裹技術，可以突破限制，只要包裹出來的粒徑小於 600 奈米，例如以4.7kb DNA與載體所形成的輸送粒子，粒徑接近250奈米，以100psi 的氣體輸送壓力，就可以抵達真皮層的深度。

由於這個系統是無針、無痛、無創的投遞方式，可以運用在不同的醫療行為上，例如外科的傷口照護，由於治療藥物直接輸送進入傷口內部，明顯改善發炎現象與縮短恢復期。另外，醫美產業在改善皮膚方面，也被拿來進行皮膚相關保養成分的深層導入。

癌症藥物發展的新曙光

物理性奈米金可以促進有效成分吸收利用的應用，不僅在傷口癒合的皮膚外用研究得到證實，在治療癌症的動物模式研究中也看到驗證。很多植物天然的成分，都被證實具有抗癌的功能，而這些植物成分多半都具有抗氧化能力，兒茶素就是典型的例子。

茶多酚被認為是養生長壽的最佳代表，兒茶素是茶多酚中最重要的一種，是茶飲中苦澀味的來源之一。其中以綠茶所含的兒茶素含量最高，所以懂得養生的日本，發展出以綠茶為原料，以天然石磨碾磨成粉狀，製成抹茶直接飲用。

一般說的綠茶兒茶素，指的是總兒茶素，目前分離出來的一百多種兒茶素，具有抗氧化功能的只有四種，分別是表兒茶素（Epicatechin; EC）、表沒食子兒茶素（Epigallocatechin; EGC）、表兒茶素沒食子酸酯（Epicatechin gallate; ECG）和表沒食子兒茶素沒食子酸酯（Epigallocatechin gallate; EGCG）。其中EGCG的含量最高，本身擁有八個-OH基，可以清除八個帶正電自由基；EGCG也最有生物活性，並且被認為具有治療多種疾病的潛力，其中包含癌症。

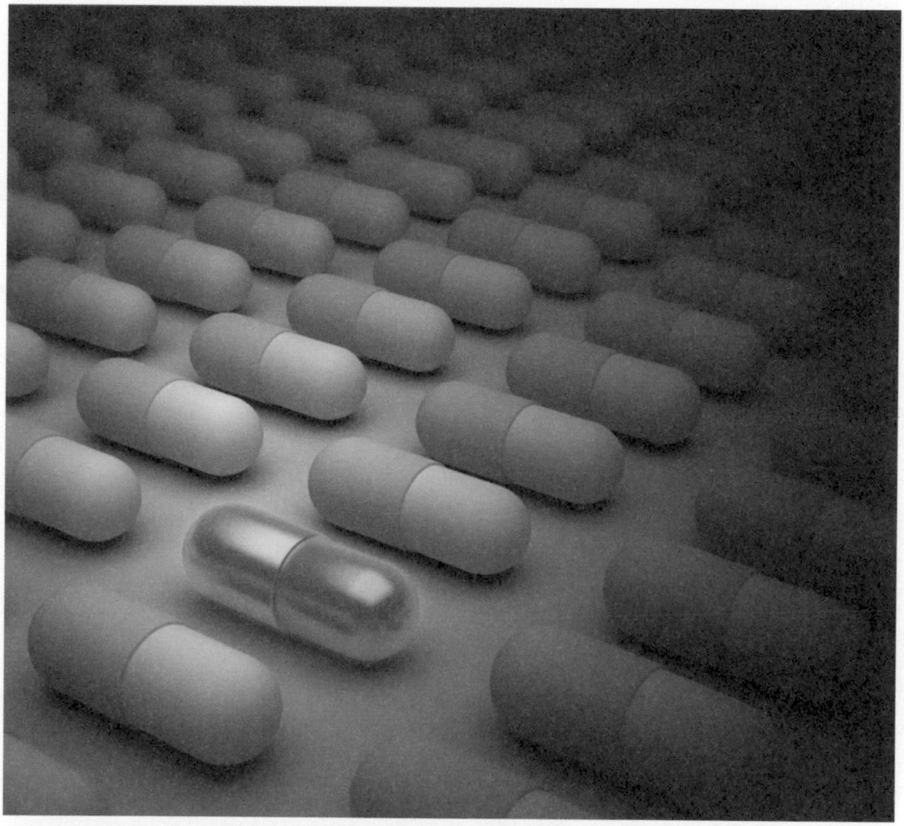

物理性奈米金能與多酚類抗氧化成分發生協同作用，讓有效成分的功效可以發揮的更好，顯示了除載體之外的藥物開發應用的潛力。

EGCG一直被認為具有開發成為癌症治療藥物的潛力，但是不穩定，很快就被氧化，身體的代謝半衰期，大概只有四十五分鐘左右，加上細胞的吸收利用率太低，導致將EGCG開發成為治療藥物的過程受阻；因此儘管EGCG與癌症治療的研究論文已經上千篇，實質以EGCG為主上市的藥品，卻只有一種局部外用的軟膏，塗抹於患部，用以治療人類乳突病毒（Human Papilloma Virus, HPV）所引起的生殖器疣。這個藥品是美國FDA核准的第一個植物性處方藥。

目前有很多研究，都在研究如何增加EGCG的吸收利用率，期望將這天然植物成分，開發成藥物使用。在一項由海洋大學與三軍總醫院合組研究團隊的研究計畫，就是運用膀胱癌的動物模式，來評估EGCG的治療應用潛力。膀胱是人體代謝最末端的器官，一般而言，由水分攝取到尿意形成，大該需要四到六小時；治療藥物的方式，以直接注射到患部為主，因此在治療過程中，對病人的生活品質影響很大。

在膀胱癌的細胞研究模式中，只用物理性奈米金2ppm，對癌細胞與正常細胞沒有太大的影響，而單獨使用EGCG 50um對癌細胞的毒殺性不夠穩定，若兩者結合共同使用，可以穩定達到90%左右癌細胞毒殺率，在癌症動物模式研究中，該組合配方抑制腫瘤生長狀況效果，也比單獨使用EGCG使用佳。

目前推論EGCG與物理性奈米金兩者結合效果提升的原因，可能是物理性奈米金穩定EGCG的構形並提高EGCG的生物利用率，導致抑制癌細胞生長的效果，亦有可能是兩者形成新的特殊結構體，形成複合物，導致癌細胞生長受到抑制，不論如何，EGCG與物理性奈米金共同使用的確發生協同作用，讓癌細胞生長受到抑制的現象更顯著，相關研究結果已經在國際期刊出版〈*Biomaterials* 32（30）:7633-7640, 2011; *International Journal of Nanomedicine* 7:1623-1633, 2012〉。

這意味著物理性奈米金在癌症藥物研發上，可能可以做為藥物佐劑，增加主要成分的藥效，如同中醫所說，金的功效如同佐藥和使藥一般，引方到達病處，協助主要的君藥、臣藥發揮治療效果，中西醫的醫學理論再次交會，也為我們對未來癌症治療的發展帶來新曙光。

慢性病的治療新策略

蛋白質是由胺基酸構成的複雜有機物，也是遺傳基因的命令執行者。生物體內的生理生化機制，主要都靠蛋白質來執行。細胞中製作出蛋白質的場所稱之為內質網，做好的蛋白質會離開內質網，到需要蛋白質該前往的地方執行工作。細胞新做好的蛋白質是呈直鏈狀的，不具活性，有活性的功能型態通常和立體結構有關，因此需要進行加工；這個加工過程稱為「摺疊」，若細胞做出摺疊錯誤或摺疊不正確的蛋白質，就會留在內質網內，形成壓力，這個現象稱為內質網的壓力（ER Stress）。現在已經證實很多疾病都和內質網的壓力有關，比如阿滋海默症、巴金森氏症、亨氏舞蹈症、多麩胺醯氨基酸症（polyglutamine disease）、庫賈氏症（Creutzfeldt-Jakob disease）、中風、心臟疾病、動脈硬化、第一型與第二型糖尿病、癌症與自體免疫疾病等。

在一項由輔仁大學理工學院副院長陳翰民教授領導的實驗中，發現奈米金可以誘導癌細胞產生內質網壓力。這項研究計畫主要是以物理性奈米金來進行慢性骨髓性淋巴癌的治療；結果發現，奈米金毒殺癌細胞的機制，是透過造成癌細胞的內質網壓力，在內質網壓力不斷累積增加的情況下，終於造成細胞死亡。這是第一次有研究清楚證明，奈米金對癌細胞的細胞毒性，是透過什麼機制，相關研究，已發表在國際期刊二〇一一年〈*ACS Nano* 5（12）:9354-9369〉。

事實上，內質網壓力是可以被管理的，研究發現，當腦部組織發生壞死性的傷害時，細胞會藉由內質網壓力引起發炎反應，對抗面臨的傷害，增加細胞存活率。但是過多或過久的內質網壓力，則會導致不可控制的結果，造成細胞死亡；這種無法被管理的現象，適合應用於癌症治療。

目前證實與內質網壓力有關的疾病，大都是有長期病程發展的疾病，而且一旦有明顯症狀，都已經造成不可逆的傷害。醫藥界正投入大量的研究，希望能找到明確控制與管理內質網壓力的成分或方法，讓這些棘手的疾病，找到更好的治療策略，讓患者擁有更好的生活品質。奈米金這個新性質的發現，將為這些患者爭取到未來更多、更好的可能性。

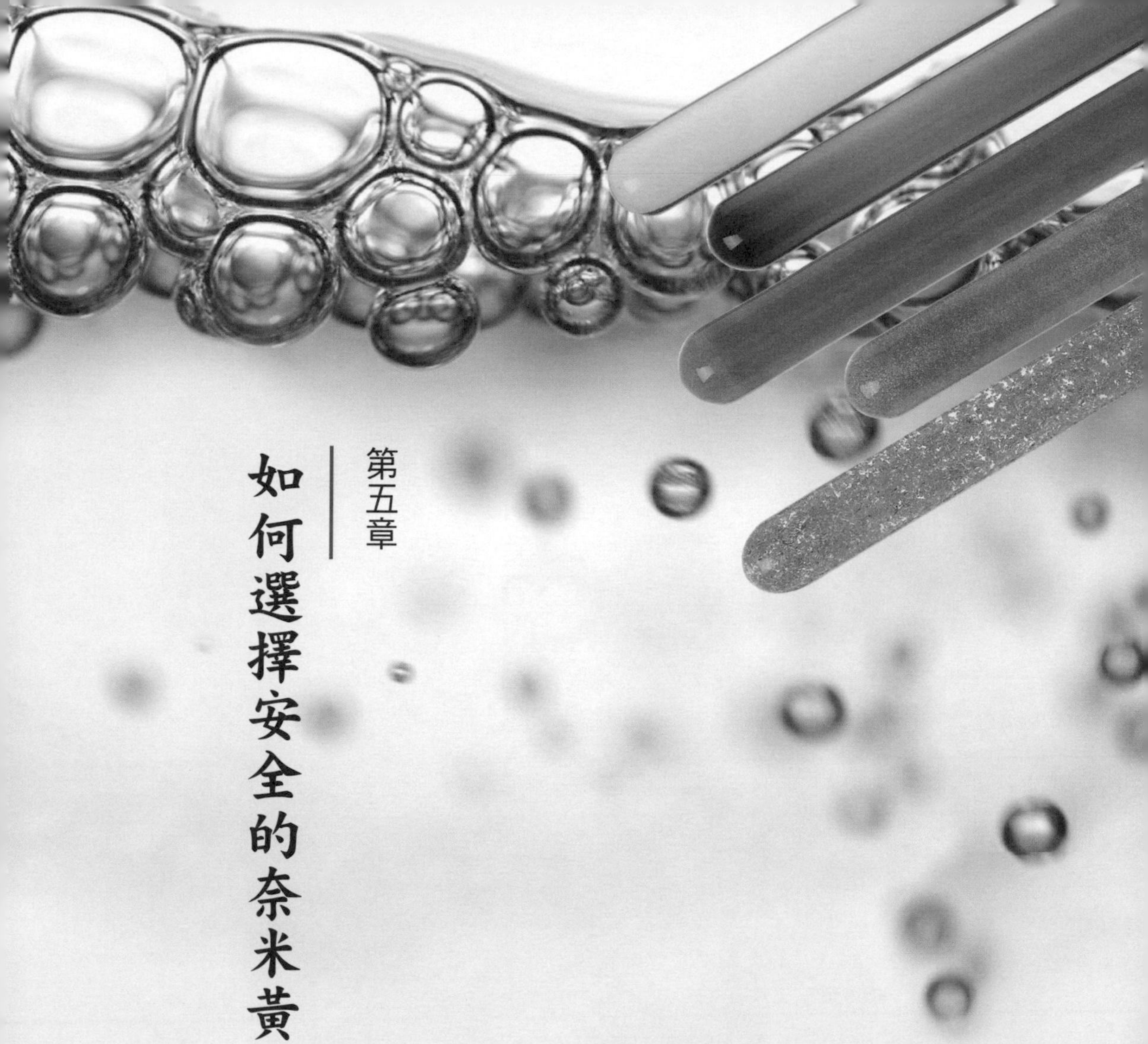

第五章

如何選擇安全的奈米黃金

黃金是伴隨人類文明一起發展的貴金屬，隨著加工技術的演進，產品的應用多元性增加，使我們的關係越密切。

傳統捶打加工技術的出現，讓生活中出現貨幣、首飾等工藝品產品，隨著使用目的與功能性不同，出現引金入藥、藥食同源等的養生概念。到近代奈米科技的發展，黃金應用的範圍正式由民生消費擴大到生技醫療領域，對人類生活的影響不斷擴大範圍。

食用金箔的規範

黃金是使用了幾千年的食材與藥材，到了近代，衛生法規單位才開始要求食用黃金的規格。一九八三年，世界衛生組織食品添加劑法典委員會，正式將金列入食品添加劑範疇。

中國國家衛生部發布的食品新資源第八類礦物質與微量元素，明確了金箔的食用功能。歐盟則是有範圍的開放，只限用在糖果、糕餅、巧克力與酒類。鄰國日本，只規範金的純度至少要94％、含銀量7％以下、含銅量4％以下。台灣到了二○○二年，才通過物理性製程食用奈米金箔的食品添加物申請，同時這家公司也成為台灣唯一合法的製造廠商，生產只有30奈米薄片，純度9999的食用金箔。

在台灣，食用金箔的明確規範內容結合歐盟與日本的定義，只限定三個金屬含量的標準，金的純度至少要90％、含銀量7％以下、含銅量4％以下；使用範圍只限用在糖果、糕餅、巧克力與酒類。

隨著奈米科技應用的普及卻還沒有明確的法規標準，甚至連奈米金的定義，各國政府法規都有不同的看法，科學上，是以100奈米以下為界線，但是在各國的標準方面，尚未統一。

二〇一〇年六月，美國加州毒性物質控制部（California Department of Toxic

Substance Control; DTSC）宣布的定義是，直徑小於1000奈米，歐洲委員會建議數值是500奈米，法國提出是400奈米等，不管法規定義為何，奈米材料的應用安全性與規格，是需要關注的議題。

奈米金的安全性

奈米的細胞毒性已經確認與顆粒大小與表面修飾劑有關。研究顯示，接上溴化十六烷基三甲銨（CTAB）的奈米金毒性，比接上PEG、檸檬酸等高。以靜脈注射方式注射15、50、100和200奈米的奈米金顆粒試驗發現，主要累積器官都是肝、肺、脾、腎；顆粒越小，組織器官分布性越廣。15、50和100奈米的奈米金可以穿過血腦障壁，100和200奈米則是除肝、肺、脾、腎外，還會累積在胰臟。也有研究顯示，靜脈注射10奈米以下的奈米金會造成明顯的肝、腎毒性；而1.4奈米的奈米金會和細胞DNA結合造成損害等。

儘管有許多負面的研究結果出現，但是各國法規單位目前仍尚未提出規範原則，原因就是這些材料的來源、製作方法、劑量、使用時間、不純物成分、表面修飾劑、顆粒形狀、試驗分析標準、試驗執行的方法、攝取吸收途徑等，都處於有差異的情況，因此還是只處於數據收集與討論的階段，目前明確規範的只有歐盟的化妝品法規，強制要求自二〇一三年七月開始，產品中使用小於100奈米尺度的原料，產品上必須標示使用「奈米」原料產品，提醒消費者，由消費者自行評估購買與使用風險。

台灣唯一合格的物理性奈米金廠商委託財團法人生物技術開發中心做一系列毒理研究——口服十四天急性毒理試驗、微小核分析試驗、染色體斷裂試驗與*Ames* Test，報告結果顯示出極端的差異。使用3～5奈米的物理性製程奈米金，完全沒有表面修飾，材料中僅有只有水與黃金，試驗是在國際認證的AAALAC實驗室執行，藉以了解奈米金是不是會造成急性中毒現象，而這個現象會不會造成基因遺傳的問題等，結果顯示並沒有明顯的毒性反應出現。

接著持續進行九十天亞慢毒性試驗，與藥物動力學實驗，藉以了解長期食用奈米金對生物體的影響，與進入生物體後，組織器官的分布情況，在亞慢毒性試驗方面，連續口服九十天的奈米金實驗與接續四周的停用後觀察，結果顯示並沒有明顯的毒性反應出現。而依照攝入奈米金的方式是口服或靜脈注射，組織分布情形也不同，口服方式主要分布在腸道，注射方式則是在肝、腎、脾。代謝分析結果顯示，口服方式主要由糞便排泄，注射方式主要是由糞便與尿液排泄；三天內排除代謝率就有75%。這些結果也代表未來評量毒性安全性分析試驗時，又多了一個細分變數，物理性製程奈米金或化學性製程奈米金。

另一個委託中國醫藥大學進行物理性食用奈米金箔的研究顯示，儘管試驗動物每天吃到三克以上，連續四周，還是沒有造成實驗動物的毒性現象。儘管如此，隨著檢測方法的進步與知識的累積，廠商未來還會再進行第三次評估試驗，持續確認相關數據的支持。

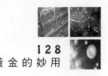

在腦部實驗中可以看到，奈米金引起適當的內質網壓力，可以協助受傷的腦部修護，引起過度的內質網壓力則可運用在毒殺癌細胞的治療方面，所以任何物質的毒性都是相對的。

奈米材料可以讓產品出現很大的變革，尤其在生技醫療方面，對於改善病人的治療狀況，有很大的幫助。一九九六年六月二十二日諾貝爾化學獎得主思莫雷（Richard Smalley）教授在美國參議院奈米科技聽證會上強調：「奈米科技對於人類未來健康及生活福祉的貢獻，絕對不亞於本世紀電子產品、醫學影像、電腦輔助工程、人造高分子材料等的總和貢獻。」正式宣告奈米時代的來臨，期待能藉由奈米科技的不斷進步，及研發成果之運用，為人類創造一個無病痛的未來。但是對於使用的方式必須特別注意，相關的規格必須明確，而製造廠商也必須自律的進行材料評估試驗，依照不同階段對奈米的知識累積，不斷地審視、修正與建立安全使用資料庫，訂立明確使用規格與劑量，提供給開發廠商參考，彼此相互支持，才能在安全的尺度下實踐奈米材料為我們帶來的無限可能。

奈米金的Q&A

黃金真的能吃嗎？中國知名小說《紅樓夢》有一段敘述提到「吞金自殺」，是說金含有毒性嗎？

答

古代的黃金冶煉技術不夠純熟，更沒有好的儀器可以分析黃金的純度，因此是否真的吞下黃金造成死亡並不可考。現代的科學比古代更進步，已證實要吞黃金自殺是不可行的，因為我們的胃酸無法將黃金溶解，腸道並不會吸收黃金分子，最終會由腸道排出體外。所以，吞金自殺只能存在於古代小說，在現實生活中並不會發生。

日本及印度是非常喜歡吃金的民族，黃金代表永恆長久。近期的研究更發現黃金具有非常好的抗氧化活性，抗氧化可以有效抗衰老。在日本的高檔餐飲中，許多料理會以黃金來裝飾與調和，讓餐點顯得更高貴，風味更佳。台灣有廠商已取得衛生福利部頒發的食用金箔食品添加劑證書（衛署添製字第001598號），黃金不再只能當投資工具、貨幣或是飾品，更能食用。

市面上的金箔都一樣嗎？

答

一般的捶打金箔雖是傳統產業，但因需要特殊工藝技術，許多政府部門相當重視，已將此行業的工藝進行保存。這些傳統工藝所生產的金箔，主要用於寺廟、宮殿、特殊建築、佛像等工藝裝飾。捶打金箔需要使用銀或銅進行調色及伸展，過程中才不易破裂有利於伸展。

金箔的銷售是一張一張算的，若有破損將被剔除。這些被剔除的金箔可能被用來當作食品的裝飾著色劑，因此，來路不明或是無法提供產品分析證書（COA）的金箔盡量不要食用。最好選擇可以規模化生產並取得衛生福利部食品添加劑證書的公司與產品，比較安全有保障。

金箔酒或是黃金酒真的能喝嗎？

答

台灣、大陸、日本、歐洲、紐西蘭、俄羅斯、印度等國家都有生產黃金酒，皆能飲用並無問題。但是要特別注意加入酒中的金箔，一般都是傳統捶打工藝所生產的金箔，產品規格與衛生條件較不符合食品法規要求。選擇有合法食品添加物證書的公司和產品，才能保障消費權益。

為何酒中要加金箔，只是裝飾，還是有特殊功用？

答

一般傳統捶打的金箔加入酒中，對酒質改善有限，因為這些黃金未被解離過，與酒液接觸的表面積小，且外面常見的厚度約在150～200奈米。

食用奈米金箔是將99.99%純度的黃金，使用物理製程加工技術，將黃金微小化後生產出粒徑約3～5奈米的金原子，經凡得瓦爾力吸引及特殊製程形成厚度為30奈米，面積約一平方公分的多孔隙金箔，擁有大的表面積可與酒接

觸，可以當作烈酒的熟成天然催化劑。

在一般室溫條件下，食用奈米金箔五分鐘即能讓乙酸與乙醇經由酯化反應生成乙酸乙酯，其他有機酸亦會與醇類產生酯化反應生成酯化物，改善酒質降低醛類、雜醇、有機酸，效果非常顯著，是非常好的食品級酒類熟成催化劑。

黃金酒有保健功效嗎？

答

根據台灣京華堂與台北醫學大學合作研究發現，老鼠喝了黃金酒與一般酒（沒加食用金箔）比較發現，黃金酒可以顯著減低喝酒所造成的酒精性肝炎、降低脂肪肝生成、降低三酸甘油酯生成、降低肝臟發炎因子等。這份報告已於二〇一三年發表於國際期刊（*Alcohol* 47（6）:467-472.）。

這也是全世界黃金酒的第一篇科學研究報告，確認黃金酒是真的能緩和酒精性肝炎。但一般捶打製程的金箔，應用於生產黃金酒是否具有相同功效，需要進一步研究。

黃金奈米化製程與傳統捶打工藝的金箔有何差異？

答

由下表我們可以清楚知道兩者製程不同，因此，所生產的金箔屬性與功能有非常大的差異。

奈米黃金的用途為何？

答

奈米金只是一個通稱，但非常容易混淆。生產奈米金可以由四氯金酸經過還原而得到奈米金，這個方法稱為化學法。目前經過細分，已有六種製程屬於化學法，稱為化學金。

台灣廠商所使用的製程工藝，是

黃金奈米化製程與傳統捶打工藝的金箔差異

	厚度	純度	金釀黃金酒的熟成	物化特性	食品添加劑書	生物功能（發表國際期刊）
食用奈米金箔	30奈米	99.99%	高活性（熟成用）	黃金原子經凡得瓦爾力作用形成多孔隙金箔；高表面積	有	降低酒精性發炎抑制脂肪肝形成
一般傳統金箔	150 ~ 200 奈米	含有銀或銅純度低於99%	低活性（裝飾用）	黃金原子未解離；低表面積	無	無

將瑞士進口高純度99.99%的封裝金塊，經高溫熔化，再經真空汽化收集金的原子於純水中，無雜質具有99.99%的高純度奈米金，稱為物理金。化學製程與物理製程各有優缺點，但物理金可以有高純度，無雜質特性，可廣泛應用於生技醫藥開發。

奈米金在醫藥科技的應用為何？

答

奈米金的應用比較純熟約在最近十年。目前已發現奈米金可以應用在三大領域，一是藥物治療領域，奈米金可當作最佳載體，用於小分子藥物、核酸、蛋白質、抗體等物質之輸送系統。二是顯影的應用領域，X光顯影、螢光、光學等。三是診斷試劑領域，將奈米金用於生物試劑偵測蛋白或是核酸。

奈米金藥物傳遞係指利用奈米金做為藥物載體，使藥物活性成分以共價或非共價方式與奈米金結合，將藥物活性成分有效率地傳遞至欲作用的細胞中。由於奈米金具有低毒性、高生物相容性、顆粒尺寸及形狀調整容易、高表面積及可藉由表面修飾改變物理化學性質，使其做為藥物載體時，不僅可攜帶多種類型的治療成分，如蛋白質、胜肽、寡核苷酸（oligonucleotides）和小分子藥物，還可攜帶高劑量治療成分及其他功能性分子，如標靶分子

（Targeting molecules）、連結分子（Linkers）或顯影分子（Contrast media）。文獻指出，奈米金除具有上述多項優點外，由於還具有增強滲透性及滯留性（Enhanced permeability and retention; EPR）性質，目前已被廣泛用於癌症治療。

新劑型奈米金藥物是一新興藥物投遞技術，可以將藥物送到細胞質與細胞核內，降低藥物使用量及投藥頻率，自然降低藥物毒性與副作用，是一個非常有潛力的藥物輸送系統。

奈米金化療藥物如何選擇性殺掉癌細胞？

答

奈米金容易經由共價結合與化療藥物形成新的複合體。奈米金或是連接分子本身不具有任何抗癌活性，且不會產生毒性。

殺死癌細胞的藥物，奈米金只是一個載體，將藥物送到腫瘤組織附近，再經由癌細胞吞噬作用將奈米金吞噬進入癌細胞內，此時細胞內的溶小體（lysosome）會將藥物與奈米金分開，釋放藥物到細胞質與細胞核中，誘導癌細胞自我凋亡。

奈米金是如何靠近聚集在腫瘤組織呢？因為腫瘤細胞生長快速，在新生血管中容易有較大空隙，約600～700 奈米的內皮細胞生長空隙產生，每次血液循環到此處，奈米金就卡在這裡，進入腫瘤組織，因為奈米金具有非常好的生物相容性，可以騙過癌細胞，將奈米金當作其細胞的一部分進行吞噬，造成藥物被癌細胞吞進去，達到殺掉癌細胞目的。

國家圖書館出版品預行編目資料

黃金的妙用：奈米黃金在生活和醫療的應用與功效 / 唐上文、陳嘉南、黃怡慧著. -- 初版. -- 臺北市：商周出版：家庭傳媒城邦分公司發行, 2013.12
面； 公分. -- (商周養生館; 43)

ISBN 978-986-272-505-4(平裝)

1.黃金 2.食療 3.健康食品

345.29 102025041

商周養生館43

黃金的妙用：奈米黃金在生活和醫療的應用與功效

作　　者／唐上文、陳嘉南、黃怡慧
企劃選書／黃靖卉
責任編輯／彭子宸
版　　權／翁靜如
行銷業務／張媖茜、吳唯中
總 編 輯／黃靖卉
總 經 理／彭之琬
發 行 人／何飛鵬
法律顧問／台英國際商務法律事務所羅明通律師
出　　版／商周出版
台北市104民生東路二段141號9樓
電話：(02) 25007008 傳真：(02)25007759
E-mail:bwp.service@cite.com.tw
Blog：http://bwp25007008.pixnet.net/blog
發　　行／英屬蓋曼群島商家庭傳媒股份有限公司城邦分公司
台北市中山區民生東路二段141號2樓
書虫客服服務專線：02-25007718、02-25007719
24小時傳真服務：02-25001990、02-25001991
服務時間：週一至週五9：30-12：00；13：30-17：00
劃撥帳號：19863813；戶名：書虫股份有限公司
讀者服務信箱E-mail：service@readingclub.com.tw
城邦讀書花園：www.cite.com.tw
香港發行所／城邦（香港）出版集團有限公司
香港灣仔駱克道193號東超商業中心1F；E-mail：hkcite@biznetvigator.com
電話：(852)25086231 傳真：(852)25789337
馬新發行所／城邦（馬新）出版集團【Cite (M) Sdn Bhd】
41, Jalan Radin Anum, Bandar Baru Sri Petaling,
57000 Kuala Lumpur, Malaysia.
電話：(603) 90578822 傳真：(603) 90576622
email:cite@cite.com.my
美術設計／陳健美
圖片提供／京華堂實業股份有限公司
印　　刷／韋懋印刷事業有限公司
總 經 銷／高見文化行銷股份有限公司
地址：新北市樹林區佳園路二段70-1號
電話：(02)2668-9005 傳真：(02) 2668-9790 客服專線：0800-055-365

■2013年12月26日初版 Printed in Taiwan
定價260元

城邦讀書花園
www.cite.com.tw
版權所有，翻印必究 ISBN 978-986-272-505-4

Abundance: The Future Is Better Than You Think
Copyright © 2012 by Peter H. Diamandis and Steven Kotler
Complex Chinese translation copyright © 2013 by Business Weekly Publications, a division of Cité Publishing Ltd.
through arrangement with Brockman, Inc.
ALL RIGHTS RESERVED.

商周出版

廣　告　回　函
北區郵政管理登記證
北臺字第000791號
郵資已付，免貼郵票

104　台北市民生東路二段141號2樓

英屬蓋曼群島商家庭傳媒股份有限公司城邦分公司　收

請沿虛線對摺，謝謝！

商周出版

書號：BUD043　　書名：黃金的妙用　　編碼：

請於此處用膠水黏貼

商周出版

讀者回函卡

感謝您購買我們出版的書籍！請費心填寫此回函卡，我們將不定期寄上城邦集團最新的出版訊息。

不定期好禮相贈！
立即加入：商周出版
Facebook 粉絲團

姓名：＿＿＿＿＿＿＿＿＿＿ 性別：□男 □女

生日：西元＿＿＿＿年＿＿＿＿月＿＿＿＿日

地址：＿＿＿＿＿＿＿＿＿＿

聯絡電話：＿＿＿＿＿＿＿＿ 傳真：＿＿＿＿＿＿＿＿

E-mail：

學歷：□ 1. 小學 □ 2. 國中 □ 3. 高中 □ 4. 大學 □ 5. 研究所以上

職業：□ 1. 學生 □ 2. 軍公教 □ 3. 服務 □ 4. 金融 □ 5. 製造 □ 6. 資訊
□ 7. 傳播 □ 8. 自由業 □ 9. 農漁牧 □ 10. 家管 □ 11. 退休
□ 12. 其他＿＿＿＿＿＿＿＿

您從何種方式得知本書消息？

□ 1. 書店 □ 2. 網路 □ 3. 報紙 □ 4. 雜誌 □ 5. 廣播 □ 6. 電視
□ 7. 親友推薦 □ 8. 其他＿＿＿＿＿＿＿＿

您通常以何種方式購書？

□ 1. 書店 □ 2. 網路 □ 3. 傳真訂購 □ 4. 郵局劃撥 □ 5. 其他＿＿＿＿

您喜歡閱讀那些類別的書籍？

□ 1. 財經商業 □ 2. 自然科學 □ 3. 歷史 □ 4. 法律 □ 5. 文學
□ 6. 休閒旅遊 □ 7. 小說 □ 8. 人物傳記 □ 9. 生活、勵志 □ 10. 其他

對我們的建議：＿＿＿＿＿＿＿＿＿＿

＿＿＿＿＿＿＿＿＿＿

＿＿＿＿＿＿＿＿＿＿

【為提供訂購、行銷、客戶管理或其他合於營業登記項目或章程所定業務之目的，城邦出版人集團（即英屬蓋曼群島商家庭傳媒（股）公司城邦分公司、城邦文化事業（股）公司），於本集團之營運期間及地區內，將以電郵、傳真、電話、簡訊、郵寄或其他公告方式利用您提供之資料（資料類別：C001、C002、C003、C011 等）。利用對象除本集團外，亦可能包括相關服務的協力機構。如您有依個資法第三條或其他需服務之處，得致電本公司客服中心電話 02-25007718 請求協助。相關資料如為非必要項目，不提供亦不影響您的權益。】

1.C001 辨識個人者：如消費者之姓名、地址、電話、電子郵件等資訊。
2.C002 辨識財務者：如信用卡或轉帳帳戶資訊。
3.C003 政府資料中之辨識者：如身分證字號或護照號碼（外國人）。
4.C011 個人描述：如性別、國籍、出生年月日。

請於此處用膠水黏貼

U0003040

天醫光啓

【天醫系列2】

轉化生命覺醒

作者／高善禪師

▲ 高善禪師與學員一起以大悲水淨化累世因果

▲ 眾人聚集於宜蘭道場，反射的燈光猶如一道道靈光

▲ 學員們與高善禪師在草屯道場進行淨化儀式

▲ 草屯道場的學員在高善禪師帶領下，虔敬祈福

▲宜蘭道場正在進行大悲水淨化儀式

▲宜蘭道場正在進行大悲水淨化儀式

▲ 高善禪師為正聲廣播電台知名主持人簡立玲小姐進行天醫光啟點化

▲ 高善禪師為克林廣播電視集團黃克林總裁進行天醫光啟點化

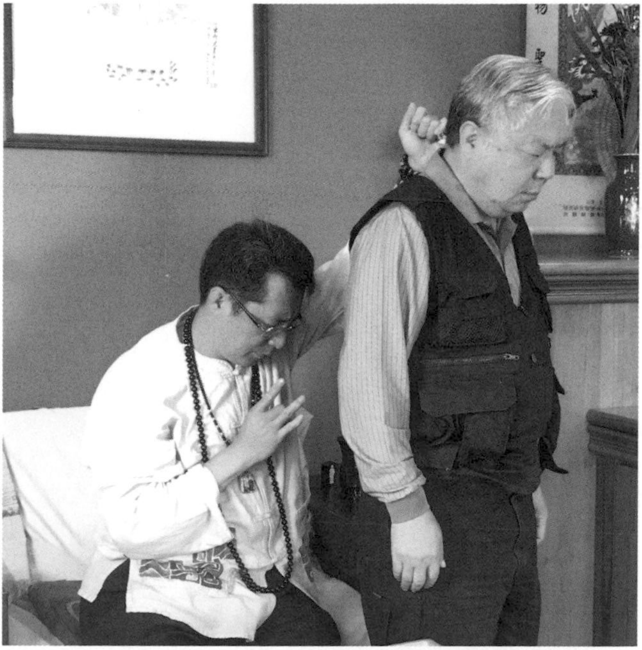

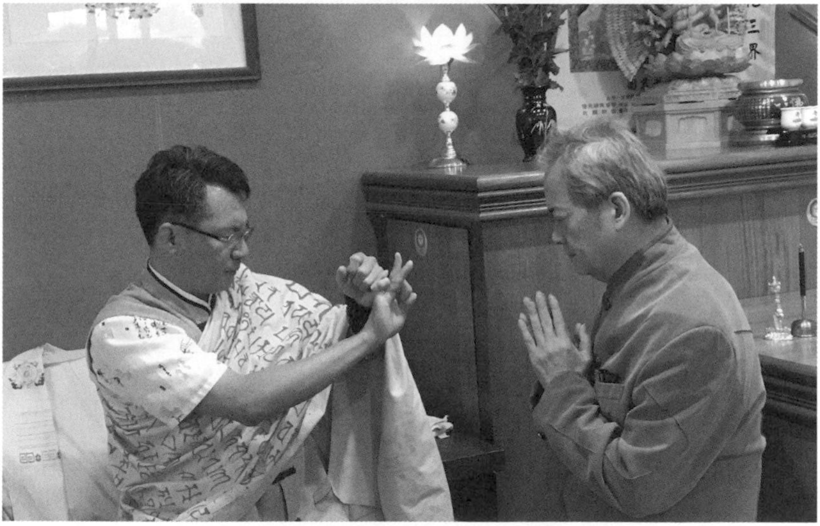

▲高善禪師為中華世界佛教協會秘書長吳金輝將軍進行天醫光啟點化
▼高善禪師為中華福利大聯盟林育培總經理進行天醫光啟點化

▲ 高善禪師為學員進行天醫光啟點化

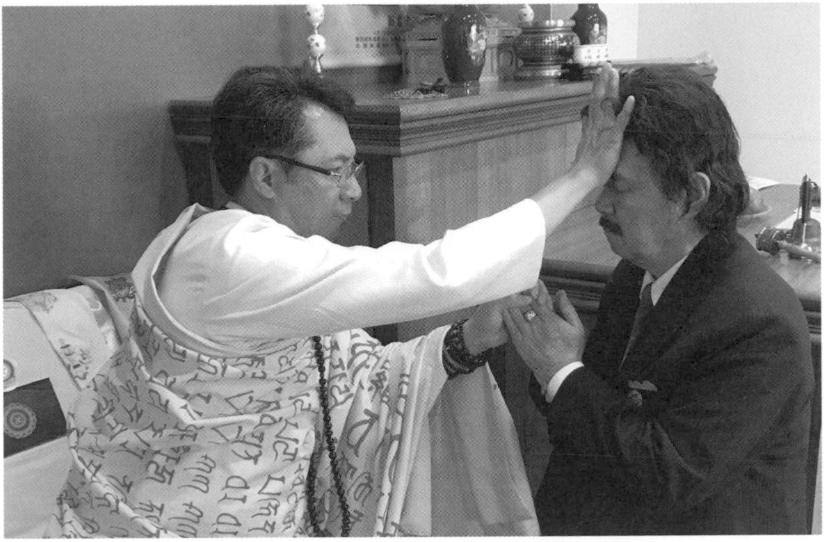

▲ 高善禪師為克林廣播電視集團黃克林總裁進行天醫光啟點化

▲ 高善禪師學員進行天醫光啟點化

目錄

前言

我們將透過這本書，談論靈魂的生命科學與真理的學問，和天醫光啟轉化法的研究及各種修持的妙法。靈魂光能量學是超越人世間所有學問的認識，很難讓一般人完全了解，但是，自古以來一直有人在探討靈魂界的問題，甚至引起世界各地許多科學家與知識分子投入相當的研究，投入大量心血進行研究的也包括所有的宗教家。

很遺憾的是，在二十一世紀這科學及醫學上進步的時代、各種新興宗教崛起並蓬勃發展的情況下，現代人對於靈魂生命學，仍然無法建立一套完整的系統，讓想多了解靈魂學的現代人，有個研究的途徑、思考的依循。我們希望藉由「靈魂天醫光啟轉化祕法」，透過靈魂醫學的研究實務、實證及客觀印證的科學方法，來揭開其神祕的面紗。

靈魂生命學所要探討的，是關於人類的精神層面。人體內本來就隱藏著無數的奧祕，也就是我們靈魂光的生命。靈魂光又可以稱為靈性、佛性、神性、真我、如來……，是最早誕生在無形宇宙中的精神生命。靈魂光由宇宙天界中的磁場降生，轉世為人，這種現象，是連高科技時代的人類頭腦也無法認識與理解的。因為科技的發展範圍，是以有形的物質現象為主，而靈魂生命學所探討的，則是無形的心靈層面、精神層面。如道家所說的，是「形而上的形式」透過靈魂生命、透過天醫光啟轉化祕法來研究開發，來碰觸我們內在神聖的不生不滅的靈性生命，及無所不能、無所不在的神性，也能認知一切有形無形的現象，了解人生的真正意義。

在我們研究靈魂生命學及天醫光啟轉化祕法的過程中，最重要的應該是，把所有啟發人體玄機奧妙的過程，從靈魂學理論基礎以及從佛法、道家的角度，來理解、理悟內在的神奇奧妙，並研究出一套有系統的靈修課程，讓所有有心人來共同研究。這一套天醫光啟轉化祕法的學問，是一個探索內在心靈的真理，是解決現代人迷失與疑惑的一套強而有力、最快速的法門。真理的法門不怕歲月的考驗，它能讓有心修持的人重新找回信心。不論是靈修追尋的人或是想要解決煩惱的現代人，都歡迎來印證、啟發靈魂之光，並開啟內在的天賦。

現今，不管是一般人、具有先天修持因果的人、有神通感應的有緣者、各法門的修持者甚至心靈界的先進，大家對於靈魂界的認識，或者大家在探討的靈魂界問題，其答案都缺乏系統性的理論基礎，無法讓人有完整而正確的見地及認知。這個時代是個物質主義導向的時代，由物質主導著一切現象，而且現代人自我意識抬頭，民間的法教法傳人，要不是以「棄惡從善」的宗教教義勸人為善，就是以釋解佛教經典教義為主，無法說服、讓人們相信靈魂界的各種現象，也無法讓大眾進一步來研究探討，也無法解決人類心中的疑惑及肉體上的疑難雜症。

事實上，人類所擁有的肉體是最珍貴的寶物，為了現在和未來的人類，我們不應該繼續被物質化觀念影響，而導致肉體和靈性被物質觀念所埋沒。為了這樣的發心，我們將天醫光啟轉化祕法的真理，開發為奧妙的靈修課程，並將人類內在靈魂真氣等訓練修為的方法寫成書籍，真實呈現給所有的人。期待這些努力，能使有心探討靈魂奧祕的人們，對天醫光啟轉化祕法能有完整的認識，並因此獲得啟發、得到轉變。

靈界是一種無形的精神狀態，無法用肉眼看到，也無法用有限的頭腦來理解。一個最主要的原則是：所有有形的物質世界背後，都有一股無形的力量在主導。所以，有形肉體的生命，也無時無刻被無形的精神生命所影響，可以說每一個人命運的吉凶禍福，都因為無形精神生命的緣故，而有所不同。

靈魂是無形無相的精神現象，也是形而上的無形力量，因此我們一定要非常慎重，所言所語要絕對負責，不可欺騙或誤導，以免危害他人的精神和肉體。正如佛家所說：「佛門一粒米，大如須彌山，今生不了道，披毛帶角還。」天醫光啟轉化祕法所要闡述的，除了真理，還有研修者內在靈魂真氣的啟發過程，並以可被印證的實相，來破除迷信及迷失，既不會走火入魔，也不怪力亂神，更不能誤導他人，這些都是最大的禁忌。

相信許多人不知道，甚至不相信有靈魂的存在，沒關係，你只要把它當成一種認識與認知，有了這樣認知與理解，你在生活中多少會有所體悟，若能依循本書的觀念及原理來實踐，這輩子當受用不盡，至少定能逢凶化吉，趨吉避凶。

人類的身體結構都一樣，都是擁有靈魂光的生命體，不管哪個民族都可以來研究，都可以開發人類與生俱來的潛能。藉由天醫光啟轉化祕法，來啟發存在人體內無形的精神能力——內在的靈魂光，無論有無宗教信仰，也無論所信仰的是佛教、基督教、天主教、道教、一貫道、回教、印度教……，都可以共同來研修或探討。這是一種印證內在靈魂光的方法及途徑，等同於開發人體內的潛能，它不涉及宗教與宗派，其目的在達成人類共同的目標，也就是幫助人們離苦得樂、自在解脫。

天醫光啟轉化祕法，比一般靈修法門以及自古流傳下來的祕法，更為簡便。沒有任何約束與禁忌，你無需捨離家庭、無需放棄事業，此祕法可以讓人身心更健康、命運更順遂、家庭更安康和樂。

本書讓一般讀者及各宗教信仰者，都可以完整了解天醫光啟轉化祕法，而且，透過這樣的了解和見地，互相尊重彼此的信仰，不衝突、不對立，還能互相融通，共同為人類的福祉而努力。

自序

無論國內外，自古流傳下來許多知名的靈異事件，一般人無法了解其究竟，於是很多人迷信，有些人則半信半疑，也有許多人根本都不信。然而，筆者有能力印證，人能體驗到內在的靈性、靈魂光的存在，以及人本具足的神性與佛性的存在，也能解開人類對靈性、靈魂光等靈異事件等長久以來的謎。

目前，靈修界的同道、各靈修派的修行者、佛教的淨土宗、密宗、印度的瑜伽、道等各門各派的先進，都在探索隱藏在我們體內的奧妙玄機以及靈性的覺醒。但是古往今來，談論修持的各門各派都大同小異而且莫測高深，之所以會如此，是因為至今還沒有人能夠理解這個迷惑，也無人體悟出該如何傳給世人一個正確的路子。我們身而為人來到這個繽紛世界，忙碌又無知的走完這一生，幾世的修為即使有感應等神通妙法，卻都不了解修行的本意，更不用說想覺悟人生的意義與追求宇宙的真理。

從古至今，熱門宗教的教主或修行的創始人所發起的宗教，他們所推崇和宣揚的宗旨和教義，是他們自身的研究與體會，也是個人領悟出來的無形靈界的玄機奧妙。而筆者的天醫光啟轉化生命覺醒能量研究之門，同樣也是在這種情況下所領悟創立的。

雖然現代人傳的法門大多僅及於修身養性，或是說法、講經、說道，並沒有傳承修持解脫法或是無形的神通感應神祕法，來轉化及去除人身的習性與業力。筆者過去拜師學道，受到所有師尊的教導，不只修心養性，更深及修行的真正目的與目標，就是要明心見性，見性成佛，離苦得樂，了脫生死。

筆者拜過很多恩師，如奧修大師、南懷瑾老師、傳布老和尚、陳老師、密宗大師及千手觀音上師，經過一番修為後才領悟出人體的玄奇奧妙，並擁有特殊的能量及能力，來幫人類開啟、體會內在的靈性與神性，認識自己與體驗生命的奧祕，並開啟美麗的內在世界。從這幾年的臨床研究實驗，自創出啟發覺醒人類內在的靈性生命，並且讓這一套系統經歷臨床的體驗與考證，終於才能把這一門成功之道，這一門天醫光啟靈光轉化習性業力祕法之道，公諸於世。

第一章

不可思議的力量：天醫光啟轉化祕法

天醫光啟轉化祕法的奧祕

天醫轉化祕法可以幫助人們化解體內濁氣，若是用於療癒身體，可以透過連結觀音菩薩法界觀音聖團光愛能量，藉由筆者的雙手，釋出此能量，是一種達到自療與治療他人的一種修為。

在實際的體驗過程中，當被治療者以最虔誠的心，慢慢進入深度的放鬆狀態，藉由筆者的雙手，集中宇宙天地的能量，將此能量貫注於被治療者的第三隻眼上，此種充滿慈愛的正向能量不斷脈動，便會開啟受治療者內在的靈魂光現化。

靈魂光與能量的共鳴脈動，能直接且快速的給予人體內在神聖的靈魂光真氣，這股能量，能淨化身體、心靈，讓身心靈一起脈動，進而體悟內在自身的神性與靈魂光。這種經歷只能體悟，不能言傳。宣揚天醫光啟轉化祕法，讓更多人能經由真實的體悟，真正了解自身內在的靈魂光世界，讓更多人更有光愛的能量，創造一個更圓融、更健康、更祥和的世界。

透過靈魂光的點化啟動靈魂真氣，化解你的外靈及濁氣，使疾病漸漸消除。筆者可說是國內靈修界，第一位擁有這種能力的人，此法若能廣為傳揚，將使更多人受益。

天醫光啟轉化祕法是什麼原理呢？透過觀音菩薩法界光愛的能量所灌注的靈魂真氣，可以增加靈魂真氣的能源，此能量有消除體內濁氣的功效，最簡單明瞭的效果，例如能讓人進入正常的睡眠狀態。人類只要睡眠充足，百病自然慢慢消除，而且，擁有充足、規律的睡眠，身體也會比較健康、比較長壽。這是公認的真理，是無可推翻的事實。

此種宇宙的療癒能量，是觀音菩薩法界的上師們，再度給予地球上每一個生命體的禮物。這項禮物，已經經由千手觀音上師傳遞、降臨台灣，造福眾生。這是真理，是實相，絕對不是迷信，所以筆者才會大膽的提出來，並現示一些神奇奧妙的事蹟，幫助有緣者。

觀音菩薩法界所傳下來的天醫光啟轉化祕法，有救渡眾生、化解人身疑難雜症的功效，只要有信心，有正確的認知，在正知正見下一定能化解病苦。經由宇宙能量的療癒後，只要自己多加注意，就可以減少外來的濁氣和抵擋靈體入侵，持之以恆，身體的病苦和絕症就可以慢慢化解。

觀音菩薩法界法門之傳承

筆者早年第一次瀕臨死亡時，得到千手千眼觀音菩薩的拯救。在這次經歷中，臨到觀音菩薩法界，與觀音菩薩連結，並在神妙的力量下打開過去的印記，讓我明白菩薩法界是我曾經修行的處所，而我此生是乘願而來、再度投身人道來度化眾生。

我第二次的瀕死經驗，是因為車禍的後遺症所引起。在車禍死裡逃生後，我修行了五年，已啟動內在拙火並打開中脈輪，車禍後遺症使我再度打開輪迴轉世的印記，並再度臨到觀音菩薩法界，開啟神祕的黑盒子，看到累生累世的過往。

這兩次瀕死時揭開的印記，我所看到的過往累世是一致的，讓我更加明確自己的方向與目標。

天醫光啟轉化祕法法門是在二〇〇二年開始傳下來的。筆者接受觀音菩薩法界千手觀音法脈法傳的傳承，是這人世間的第一位開山法脈傳人。我是在得到諸神佛菩薩的認定後，才由千手觀音菩薩將此祕法傳承予我，所以在我這個法門修行的同修，都是屬於千手觀音法門的佛門弟子。這個法門傳承下來的有道門也有佛門，在佛門，我接收的是大乘金剛果位，也是人間第一代傳人。

大家應該都知道，從禪宗一直到淨土宗、密宗，這些法門都各有不同的傳承管道，我們這裡傳承的是觀音菩薩法界最殊勝的大乘金剛心密法門。若要把祕法的法門傳承跟大家講清楚，那麼我們整個法脈，可說是由千手千眼觀音大士，往前一直推到千光王靜住如來，從千光王靜住如來的法脈下來，再分為東、南、西、北、中，劃分傳承出去。

大家必須知道，這一脈的傳承，在修為上有很多不同的法教，筆者所傳的大乘金剛密法精髓，在佛家所傳承的是五方佛（又稱五方如來），在華藏世界的代表主尊，西方是阿彌陀佛、南方為寶生如來、東方是阿閦佛（另說金剛不動佛）、北方為不空成就如來、中央的是大日如來，筆者即為大日如來金剛分化法身來人間轉世。

金剛乘最為人知的兩個支系是唐密以及藏密，唐密以大日如來為最高的傳承，藏密則是以金剛普賢王如來為最高傳承。所有觀音菩薩法界所傳承下來的，一個以大日如來為中心，分開五行，以五方五行立論；一個以金剛普賢王如來為中心，再分為八部，千手千眼觀音大士就是八部裡的一部，以八卦形立論。就這樣自三千大世界一直到人間，來法教法傳。這法門所傳開的，一種是大悲神法，另一種是大日金剛乘法，都是傳承自觀音法門，總共有三十六式。

目前我所接收的是大悲神法的修為，往後我也會在這個道場把大悲神法傳揚出去。筆者經過南海古佛觀音最前身南無正法明如來，以及南海法界諸佛菩薩認定以後，才能得到所有菩薩的神力，於人間真傳所有大悲神法、大日金剛乘法以及天醫光啟點化神功。我們這裡是千手千眼觀音大士的法門，這裡所力行的法界也就是觀音菩薩法界。

在這個道場修習觀音法門，必須經過觀音大士法考與認定，在這過程裡會被探詢：你們要如何解脫？如何發動你的神足力以及你靈性的修為？如何往外超越？所以，你必須具有超越所有法界的能力，才能在觀音菩薩法界裡成就。

無論你進入哪一個法門，修行要有所成，必須接受該法門傳承的認定。在我們這個法門也一樣，是一種真實的修為，並不是像社會上一般解說經典、教化人心的團體而已。修行不是只要看看經典，若不懂原典還可以看看現代譯文。我相信大家都能懂佛經的道理，但是在這個世間該如何修行、修道心，如何行無障礙，如何發揮與天地禪境相通的功力，以及如何真實的內修，才是本門的修為。

筆者曾經講過我恩師的教誨：「人行於天地之間，若未懂天地法，修的皆是魔法。」這句話是千真萬確的。生於這個時代，天地之間皆在排放廢氣，假使你不懂天地之法，你修練起來也會修得全身充滿廢氣，絕對不可能得到正陰正陽的正氣。假使一位修行者的修為沒辦法得到天地的肯定，就得不到正地靈的護持，其後果就是修到走火入魔、把身體給搞壞。相信你一定也曾經在媒體上看過，聽聞過不少恐怖的例子。

在筆者的法傳裡，強調配合天地間正確的陰陽之氣來修練的重要性。在我們的法門中，能得到天地之間所有能量的幫助，這能量也能幫助大家轉化。我們不怕你不修，只怕你不超越而已。在我們的身體還能使用的狀況下好好修行，盡你最大的力量，把身體的業力推開，一層一層破繭而出，一層一層了業。你們一層一層推開的身形業力，皆由筆者及我們的恩師千手觀音上師，以及所有觀音菩薩法界的上師共同承擔，這是你們的因緣福報。所以你們大可以放心，就算我承擔不了，我背後還有所有法門護法以及觀音菩薩法界的上師們，為我們承擔所有的業力。

談到修行的阻礙，有形的地域也會成為修行的阻礙之一，例如我們居住的地球的天與地，天覆蓋、地承載的有形存在也造成障礙，這個障礙，要從地裡面一直衝開到地表，之後也要穿越每一層天。這是我們在這一世修為中一定要穿越的。

我們都在三界天裡，在這有情眾生存在的欲界、色界、無色界裡，三界天裡有各等的法界；如同佛家裡的四禪天，住於四禪天的一切有情，都是未獲得解脫道的凡夫，都無法擺脫三界六道輪迴生死之苦。在你的修為裡，假如沒有禪定的功力與咒語，絕對無法超越天與地的障礙。

每一個禪定都要超越天地、更要穿越到銀河系，所以要有千手觀音菩薩法門所傳下來的破天地降咒精神咒，以及各種穿越修為突破的咒語。了解這些以後，在未來面臨修行瓶頸時，就需要這些咒語來幫助你衝過瓶頸，並超越這個法界的天地，一層一層突破、一層一層往上竄。在我們這個法門的修行中，會傳授此等咒語、神咒，幫助你們的修行，你們可以放心的修，讓你們能一心自在如意行、自在的修為。

另外，當你在唸咒的時候，就要好好的念、好好的修，除了你的肉體的修為以外，筆者會引動觀音菩薩法界的無形道場到這裡，承擔大家身形的業力。以之前進行的修為為例，就是由大日度化天來這裡承擔諸位的業力。假若沒有引動無形道場，沒有上師們的承擔，無論你今天的、明天的，以及所有未來的修練，都將牽動人的因緣轉化以及身上的基因與身形的業力，為自己本身帶來莫名的承擔。

古德法語說：「人身難得今已得，佛法難聞今已聞，此身不向今生度，更向何生度此身？」修行之路不走不行，修行的第一步就是去惡從善、廣度眾生，自身又要不間斷的修行，不能退轉。於是，度化法門、消災了業的方便門，以及自身持之以恆的唸咒，這三者沒有具足的話，有些人很快就會退轉，有些人則會接收不良的影響或者偏離修道。這就是為什麼我要大家一起共修的原因。

初期，大家一起共修，觀音菩薩法界所有恩師佛才能承擔我們的身形業力。當然，沒有修的人、沒有把自己的身形業力逼迫開的人，恩師佛們就承擔不了他們的業力。所以我建議你們，要把自己的家人帶來法門共修，因為你一個人的修行，是無法承擔全家人的一切業力。各人自有本身的業力與生命責任，我們的修為就是要提升生命的靈光能量，更有能量、更有承擔力，才能面對身形業力與轉化，更有能量能一層一層撥開前世今生身形、業力與負面磁場。

在持續修行下，你的生命靈光能會更明亮，生命的靈光光能一段段增大、增強，你就有能力避開種種不好的狀況，就有能力承擔因你的修為所轉化掉的身形業力，你在人道中的事業、家庭都會更平順。經由一年兩、三次的道場度化，以及你精進不懈怠的修為與念咒的功課，讓我們的業劫身、業罪體得以消化怨氣，而得到諸神佛菩薩的度化。如此才千真萬確的修行，是修正道、正善、正念，要發大願，要發願力。

我們的恩師一直叮嚀筆者要跟大家分享，任何一個修道人、任何一個修行者，若沒有度化大法，是無法成就自己及別人的。你想想，為什麼經過佛法二千五百年的法教法傳，直到現在，人類有成就的越來越少？如果人類的修為好，照理來說，人口應該越來越少，為何反而更多？思考其原因，就是真正得其法的人、真正知其理的人少了，所以需要更多的佛菩薩再度轉世到人間度人。

例如筆者，就是觀音菩薩第三十一代的分化法身來轉世，這一次要將所有觀音菩薩法界快速、有效相映、所有成就的方法傳給世人，每一個人都能早日有所成就，能真正的明心見性、見性成佛、離苦得樂。

天醫光啟轉化祕法與傳統修持法的不同

天醫光啟轉祕化法所探討的是靈魂真氣，修持的方法和一般的修持方法完全不同。一般的法門，不管如何變化，還是修到意識形態的能量居多，境界並不高。無論修持任何法門，如果在修持的過程中發生病苦，沒有順利、平安，就要停下來思考，不可以再修持下去，因為，修應該要比不修時更好才對。一旦修行遇到困境，最好能有上師的引導。

靈性修行這條路要理性與理悟，要知道我們是修自身，應該修得身心越來越自在。如果你修的是啟動內在靈魂真氣，保證你會越修越健康，身體的病痛會越來越減少，生活當中的一切會越來越順利。修得一切平安，擁有無形中的保障，也會開發出大智慧，來幫助你的人生與事業道路，你也能修到了解人生的真正意義，並且能完成你的天命。只要能找到這條正道，修到內在靈魂真氣連結與現化，那麼在你的生命中，無論是無形的或有形的層面，都有保障。而且不但能自度又能發揮度人、救人救世的效能，進而達成解脫生死的目的，還原本來面目。

在現今的時代，一般人的意識能量較過往更形加重，意識能量加重的狀況下，在內道及外道有不同的修法。例如，佛教的修法是出家了業，斷絕七情六欲的牽絆，是運用戒、定、慧，修四禪八定的禪定法門，讓自身的靈魂真氣運行，打通氣脈，帶動身體循環而不走火入魔，這是一種內道的修法。

而我們所修的觀音菩薩法界天醫光啟轉化祕法，內修的是啟動靈魂本體真氣，讓靈魂真氣循環全身，慢慢化解累劫累世因果造成的氣道阻塞現象，並應用靈魂真氣來啟發大智慧。我們是完全靠體內靈魂真氣的力量，再藉由觀音菩薩法界觀音聖團的慈悲教化，連結光愛與智慧，來幫助眾生真正離苦得樂。至於現今一般的靈修人，多靠外靈啟發神通感應，開啟感應的竅門，這種得自於外靈的力量，修行者自己並無法掌握，反而對人生、生命、生活家庭以及各種人事物一點幫助都沒有。

天醫光啟轉化祕法是療癒百病的明燈

靈修法門如果沒有依照靈修的真理修持，盲目的修持是非常危險的事。如果讓外靈任意進入體內，將會阻塞體內真氣的運行，久而久之，會發生連醫生和醫學儀器也檢查不出來的病苦，因此也無法對症下藥。但其實，這些檢查不出的病苦現象，都是靈界（外靈）所帶來的。

目前，醫學界也沒有人研究靈性、靈界的現象，病人確診罹患絕症，醫學界要不是說是因為基因遺傳，就是說是吃了致癌物質所引起，甚至常常說是不明原因所造成。國內醫學界對於靈界的探究比較沒有合作研究的意願，反觀國外醫藥界，有越來越多科學家紛紛投入靈性研究的領域，我們在這方面的接受度落後國外不少。

在天醫光啟轉祕化法的臨床研究中可以發現，許多疑難病苦都跟外靈及因果業力脫不了關係，完全是無形的外靈靈氣所製造出來的。或者也可以說，這是由我們的意識靈氣所創造出來的，有天眼透視力的人，就可以看到外靈靈氣在人體內破壞肉體的生長及能力。只要用天醫光啟轉化祕法的靈魂真氣運行法，啟發內在靈魂真氣的神聖能量，不用藥物、器材或手術，就能化解身體的病痛。簡而言之，我們這樣的作法就是六道萬行。

疾病產生的原理，是外靈或者我們的習氣業力，埋沒了人體的精神力量，導致氣不通、血液不流暢，久而久之組織器官就衰竭了。我們救助過很多醫生無法挽救的病人，事實證明，人類本來就有這種超凡的靈能靈力，只是有待開發而已。開啟人本具足的靈氣能量，就是天醫光啟轉化祕法的原理。

在這樣混濁的時代裡，一個人想要獨善其身其實很困難，我們每個人都有責任為這個社會盡一份力量，哪怕是微不足道的力量，只要對人類有好處，就應該努力才對。我們公開天醫光啟轉化祕法的真諦與真理，就是要讓想修行的人、求新知的人、想離苦得樂的人，有比較正確的認知與路徑。讓已經在靈修路途上的修行人，有方法防止外靈侵入；使有先天感應能力的人，因為有正確的修行而成為一個人才，造福他人、為人服務，可以行道、度人濟世。

大家都知道無形精神力量的存在，也能感應到它的存在，古聖先賢或創立宗教的教主們留下來的許多修行法門，都充分證明了靈性與靈魂的存在，只不過，現代人的頭腦意識加重，欲望又大，因而蒙蔽了自己的潛能靈魂光。在目前這個以物質為主導的世界，人們對於肉眼看不到、頭腦想不到的事根本不相信，因此很少人相信有「靈魂」存在的這個事實。尤其是現代的年輕人，大多不相信靈魂光，也不相信因果或輪迴，頂多抱著半信半疑的態度。

會走到這個地步，是靈性跟靈學的學問沒有正知、正見，也是因為沒有人真正知道這個層面的緣故。有些修行人，有了神通就沾沾自喜，還會廣為宣傳自己的神通力，但是這些神通有時候準有時候不準，所以接觸過或聽聞過的人不會相信，知識分子也覺得神通是怪力亂神之說，而不願接近靈修。這種現象使得大多數的現代人，都只追求物質而忘了靈魂光的存在，人類遺忘、疏遠了精神層次並不是好現象。

什麼是靈魂光能量？

靈魂光能量是靈魂真氣力量的簡稱。每個人都有靈魂光磁場，在人體的中脈脈輪和心的位置，有從天界來的靈魂光。每個人都有靈魂光，只是力量的強弱不同。靈魂光是一種無形的精神力量，主導一個人的命運好壞，影響生命力與體力的強弱，俗話說：「心理精神的健康可以影響生理健康。」因為這無形的精神力量——靈魂光——無所不在、無所不能。

靈魂光是我們生命的總源頭，是我們肉體的守護者，但這不是一般所說的氣功，氣功是通於腦的意識氣功，靈魂光則是我們先天靈魂真氣，是身體最重要的能量來源。不管是睡眠時或是清醒著活動時，靈魂光都在發揮它的功能。靈魂光，或者說靈魂真氣，在人睡眠時，是自人體中脈脈輪的心輪啟動，從心窩處直達頭頂靈台竅門，一方面清除一些不好的訊息，一方面補充頭腦在白天消耗的能量，然後清除全身阻塞的氣道。

一個人的靈魂光能量充沛時，它能發揮良好的功能，幫我們好好的清除一整天吸收進來的廢氣與雜氣，讓人消除疲勞、精神清爽、活力充沛。這也是日出而作日落而息、陰陽穿梭不息的真道理。如果一個人晚上難以入眠、容易驚醒或是作夢連連，代表他的靈魂光能量無法發揮正常功能，所以無法有效的清除腦意識的雜訊，等於說這個身體的氣穴、氣道堵塞了。

產生這種結果的可能原因有兩種，一是他本身的靈魂光能量太弱，先天的靈魂光耗損太多，而後天的培養、增加能量太慢；第二是，在他的生活環境中所產生的雜然之氣、污穢之氣太多，例如本人脾氣不好、過度煩躁、精神憂鬱等等。這兩種狀況都會導致一個人的竅門大開，雜氣、外靈就容易入侵，然而體內又沒有足夠的靈氣抵禦或排除入侵的外靈，久而久之，造成免疫系統崩潰，罹患連醫生都檢查不出來的疑難雜症，其中各種神經痛、腦神經衰弱症尤為代表。

二十一世紀普遍主張人民有宗教自由，政府既不干涉宗教發展，也不特別護持宗教，所以現代的宗教都是民間組織，都由各自宗教門派的信徒自己護持，因此我們在選擇宗教信仰時，必須特別理性。

我們能轉生到台灣，是前世修持的福報，有修持的人多少會有感應能力，許多我們此生不知道的事情，其實都像數位資料一樣，記載在我們的靈魂光裡頭。靈魂光也記載了你累世修持的過程，這些和你現在的頭腦意識有非常大的關聯。不管你相不相信，如果你重用你的頭腦意識能量來追求物質，萬一無意間打開竅門讓外靈進入體內，少則無法達成目的，多則引起身體不適或精神障礙，那才得不償失。

看看全世界和國內，罹患疑難雜症的人口，已經超過二百多萬人，精神病患者也突破了一百萬人，連憂鬱症患者也有一百萬人左右，這已經是幾年前的統計數據，如今恐怕更多了。為什麼會有這些疾病與現象廣泛出現呢？除了人類累劫累世的因果之外，更因為人類處於現代文明世界中，忘記了靈性精神層面的可貴，光顧著追求物質、滿足欲望，而隨波流於世界潮流中。有時候有些靈魂渴望修行，但是看到這麼多人精神失常，又找不到一套安全的方法或是真理的指引，因而不敢貿然進入靈修。

的確，我們看到很多人因為修行不當，造成許多後遺症，盲目靈修是相當危險的。如果你要靈修，要仔細評估利弊得失，對於自己遇到的修行方法三思而後行，要沉靜分辨，不可盲從的進入靈修。

自古流傳下來的修持方法，並不僅限於修持意識能量，以及勸世行善和說法講經、譯解佛經而已。不管佛、道、密，都有能開發先天意識與神通能量的修行方法，能對無形的精神層面有所感應。在這科技發達的時代，人的頭腦意識都很發達，頭腦智慧喜好用在使我們過好生活上，因此造成現代人的生活壓力大、物質欲望高。然而，要依照古代祕法修行，要有很好的心性，在生活上、事業上和待人處世方面，都要能做到絕對的心平氣和靜定無念，這都是現代人難以做到的境地。但就是古代所流傳下來的這些祕法，能阻絕外靈力量的干擾和考驗。

正確的、正道的修行可以從多個面向檢視，最重要的原則之一是，不能危害生理及心理的健康；二是不能造成家庭不平安；三是不可造成事業、家庭和工作上的不順利、不協調；四是人際應對進退都要圓融。一切的修行都要從人道開始，不要本末倒置，誤以為頻繁出現的生活上不順利與生理上病痛，是修行的考驗，還對這些現象與心態習以為常，廢棄了原本應該因為修行而更為圓滿的人生狀態。

依照古法修行需要有良好的心性，因為古代人的意識比較單純，加上環境單純，外在干擾少，修起來危險性小。現代人知識普及，教育水準提高，頭腦經過不斷的訓練與開發，思想觀念越來越複雜，加上過度強調個人自我意識，古老祕法的修持法門在現代社會反而窒礙難行。

我們的天醫光啟轉化祕法，兼顧古法的奧祕並解決現代人過度自我和接收太多干擾的缺點，只要經過認真的修持，就能啟動靈魂真氣的能量，開啟先天的感應能量，開發出真心本性並啟發天賦。

天醫光啟轉化祕法是現代人類的福音

天醫光啟轉化祕法可以說是現代人的福音，我們歡迎大家先來道場體會看看，若是有緣者，可以加入我們的草屯千手觀音道場，或是宜蘭悟元身心靈淨化園區成長中心及金門千手觀音道場的行列，共同來研究人類的生命靈魂光。

要啟發自己的本性，你本身要加強修身養性以及靜定的工夫，因為若是走偏了，會引發因果業力而阻礙修行。靈魂真氣是由良知、良心發展出來的，與我們的第六意識是不同的，一個人若是以自我為中心就容易執著，執著過度就容易生出野心，而野心就是五毒，貪、嗔、癡、慢、疑都會加重欲望，如此反覆循環，不斷加重欲望，將引發因果業力的顯現。

一個人如果常常開啟感應的竅門，會讓外靈進入體內，啟動轉世的因果劫數。如果太注重頭腦意識，會啟動第八意識——阿賴耶識，也就是根本識。人類的生命各有定數，無法一體待之，有些人六、七歲的時候就夭折，有些人則是在十幾歲、二十幾歲、三十幾歲、四十幾歲過世，每個年紀都會有人往生，此生的命數都是我們過去因果意識所造成的現象。

靈魂光從各天界下來，轉世降生為肉體，但一般人並非都相信轉世說，畢竟如果不相信有靈魂光存在，又如何能相信轉世之說呢？天醫光啟轉化祕法的真理，就是要幫你開啟第三隻眼，讓你可以運用天眼靈力來印證，並看到自己的靈光。

宗教界都認為有轉世與因果，只不過大家無法證明。人在世間的所作所為，有人認為是上天安排，所以「善有善報，惡有惡報，不是不報，只是時機未到。」這種說法某種程度上來說，其實就是在形容無形精神層面的力量，或者，也可以說是在形容無形靈魂光的事，當然，其中也牽涉到受外靈干擾的問題，另一種說法則是受第八識——阿賴耶識，根本識——的影響。

真正能轉世的是我們的靈魂光，轉世的靈魂光若是壽終，會帶著前世的第六意識和業力，前往天界六道輪迴；如果是枉死或意外死亡，他的意識靈魂就只能留在冥冥的空間中，無法解脫。

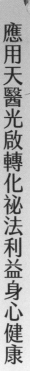

應用天醫光啟轉化祕法利益身心健康

天醫光啟轉化祕法的原理

天醫光啟轉化祕法可以突破疑難雜症，化解外靈和濁氣，其原理是透過全身脈動與呼吸，結合宇宙三個母音——唵、啊、吽——的轉化，到達不需努力的自然狀態，讓人在全然投入內在心靈的時候，放鬆頭腦意識的作用，並帶著觀照的能量，觸動靈魂真氣。

因此，練習天醫光啟轉化祕法，可以減少頭腦裡的雜念，雜念少了，煩惱也就少了，頭腦不再胡思亂想便能專注在呼吸上。天醫光啟轉化祕法就是心意識的能力，把心意識專注在呼與吸，透過呼吸，吸取宇宙天地的能量（氧氣及帶氧量），啟動內在的靈魂真氣。靈魂真氣的啟動及作用，可排除體內的濁氣，清理因為氣道被阻塞所引起的許多後遺症。當你在修行或修道的過程中，如果出現病苦，就要立即請上師指點，如果沒有上師可以指點，就應該尋求醫生與藥物的協助。

進入修行的路途後，必定會慢慢尋找內在心靈的精進，於是會想要離開家庭，或者是動了出家的念頭，或者是想要到山上隱居等等，這都是內在的轉化意識形態。古老的修行就是這樣遁離人世、尋求清靜，那時他們即使隱居山林修行也有上師、名師可以指引，不至於修到偏頗掉。修行一偏頗，就容易修不下去而退轉。往日出世修行的條件相較於現代嚴苛許多，所以現代人的修行方式，必定要跟以往不一樣。

適合現代人的修行方式，既要不脫離世俗，還要能保持家庭平安和樂，要更確保安全才行，天醫光啟轉化祕法就是在這個基礎之上，建立有保障、維持家庭平安和諧、能身心平衡的修行效果。一個人居家行事皆平安順遂，就會出於真心的去分享、去幫助人，利益更多眾生，幫助人們離苦得樂。

天醫光啟轉化祕法，是一門往內在身心靈及精神層面去修行的工夫。當我們往內在修練時，體內絕不能存有濁氣，所以要先運用天醫光啟轉化祕法運行靈魂真氣，以化解體內的濁氣。啟動靈魂真氣在體內循環，既可以滋養體內的生機，也可以增強人體免疫系統，不但可以抵抗外來的細菌、排除外來毒素，還可以消除無形的因果。

天醫光啟轉化祕法的功用，如同睡眠一樣簡單、安全、可靠，運用靈魂呼吸法，能讓靈魂真氣啟動百分之七、八十，晚上睡眠時，靈魂真氣的啟動則是百分百。如此，我們的肉體與身心，絕對會慢慢轉為健康。健康的身心靈能阻絕外來濁氣與無形的干擾，因此，家庭、事業、人際關係自然都能平安如意，使身心靈有安頓之所。

天醫光啟轉化祕法，能化解體內的濁氣與因果記載

修練天醫光啟轉化祕法，是應用靈魂真氣來化解體內的濁氣，此法能使修習者出動百分之七十或八十的靈魂真氣，如同睡眠般的意識，虎虎生風。帶著有意識的觀照，啟動內在的風大——也就是呼吸，啟動我們的靈魂真氣。這個過程有種接近全然意識

的靈動，像瑜伽健身一樣，將開始運行我們的奇經八脈，並啟動中脈輪，開啟拙火的能量。

天醫光啟轉化祕法也能化解暗藏於此生內在的因果，也就是我們累世的死亡和痛苦的因果記載。若能啟發轉世的能量，就可以運用靈魂真氣的循環，來解開因果阻塞的弱點氣道。而且，天醫光啟轉化祕法特別針對現代人，突破一些難解的疑難雜症和因果病，可說是一種自我療癒的方法和修行法門。

天醫光起轉化祕法，是藉著天地的能量以及觀音菩薩法界觀音上師光愛的連結，由筆者將能量連結到每一位學員身上，啟動他們、點化他們，喚醒他們，以開啟他們內在的靈魂之光與靈魂真氣，啟動他們的靈魂真氣並得以運轉，再經由各自持續不斷的修為，來打通人體的中脈輪，也就是道家所說的任督二脈與奇經八脈。

天醫光啟轉化祕法的修行方式，都是在喚醒人們的內在本性，當內在的拙火啟動靈魂真氣，就會從三脈七輪開始運行，剛開始是慢慢的運轉，慢慢的就會從中脈的海底輪運轉至頂輪——也就是道家所說的靈台。靈台接到靈魂真氣時，會感覺全身清涼，那時那股能量就開始運作，淨化洗滌。天醫光啟轉化祕法應用的重點就在此。

而且，天醫光啟轉化祕法的轉世印記可消除此生的因果。一個人前世的病苦和死亡因果，都會記載於靈魂光的記錄中，當我們進行天醫光啟轉化祕法時，會將過去轉世的因果印記現化出來，透過啟動靈魂真氣循環氣道的能量，來消除前世的因果，那麼這輩子的人生，就不會受到前世的痛苦因果所影響，壽命會超過之前每一世因果的壽命。這一世擁有肉體是如此珍貴，最好盡量不要受到累世因果的牽連。

在修持天醫光啟轉化祕法的過程當中，不同學員會有不同的反應，而做出不同的動作，剛開始，百分之百都是天地間的能量帶動肢體的動作，或者是我們身上的雜氣、廢氣所產生的作用。啟動與轉化就像颱風一樣巨大，像內在有一股電能在身上竄來竄去，將內在的濁氣翻揚浮動起來，身體與四肢因為這些能量的竄動，出現自發的動功與能量。這種自發功是自然現象，我們就是透過此種自然的動功反應，洗滌並排除體內的濁氣。慢慢的練習，慢慢的從中體會，再繼續練習，練習久了就成為習慣，以後就會越來越順利、越來越順暢。如果因為不明瞭身體自發的律動是怎麼一回事，或是因此產生恐懼而不敢繼續練習，就無法再往下修習而有進展了。

如果是原本沒有在靈修的人，若想要體會天醫光啟轉化祕法，首先要有老師在一旁觀察、指導，學員在外面自己練這個祕法比較危險，因為初學者無法一開始就練得好，而且在修練過程中累世因果現化時，每個人的狀況都不相同，有老師在旁指導較為安全。凡是練習天醫光啟轉化祕法的人或學員，透過此種能量的脈動，保證所有的病苦都能慢慢的轉化，恢復健康，去老返童，長壽健康。

天醫光啟轉化祕法化解外靈干擾與疾病

人體內有些疑難雜症和疾病，都是由外靈生命所創造出來的，這些外靈生命就是腐敗肉體生機的兇手。研究天醫光啟轉化祕法的過程，不但可以排除這些外來的靈體生命，啟動靈魂真氣循環，滋養我們的肉體，而且不但可以化解一般的疾病，甚至疑難雜症以及嚴重的絕症都可以改善。

若是具有他神通的修持者來研究、修持天醫光啟轉化祕法，他體內的濁氣以及外靈，也會被他啟動的靈魂真氣消滅或排出體外。不論是乩童、靈媒、他神通者或是罹患病苦的人，這些感應與病苦都是因為外靈的力量所引起，體內的靈魂真氣一旦啟動，原本占據在他們竅門的外來力量，也會慢慢失去作用，不再發生感應，外來的神通也會漸漸消失。

當這些排除的過程慢慢完成後，逐漸不再有任何的感應，我們會重新開發你的靈魂真氣與竅門的透視能力，你可以透過你的第三隻眼的天眼能力來查看印證。天醫光啟轉化祕法的奧妙可以使肉體變健康，既不會發生走火入魔的現象，又可以化解疾病、減輕痛苦。因此，觀音法門天醫光啟轉化祕法的修練，是因應這個時刻與這個年代應運而生，是可以普傳給世上的有緣人與喜歡修持者，共同分享、共同探討研究。

天醫光啟轉化祕法的修練是一個很實在的事情，絕非空穴來風憑空捏造的，若是不信，都可以前來印證及探討。這個殊勝的觀音法門，是要用一個人的身心靈全部投入，只要經過確實的實修，就可以知道內在的聲音。一般大眾都可以來印證，透過天醫光啟轉化祕法引發內在靈魂真氣，可以改善疾病及自我靈療、自我療癒，真切感受到自己身心靈的轉變，以及內在小宇宙的變化。

在這個基礎之上，慢慢提升靈魂光的能量，消除體內的病苦濁氣，並抵擋外來靈體的干擾，排除那些占據我們身體部位的外靈尤其重要。這些外靈的形體、外貌以及靈光色彩，都能透過天眼通查詢透視出來。在透視中可以發現，患者體內的中氣脈有被外來濁氣污染的情形，如果所觀察到的濁氣是灰色的，代表症狀較輕，是發病初期。因此，如果中氣脈有阻塞，胸口有悶悶的感覺，那就表示有外來的濁氣在行走中氣脈。

如果透視到的中氣脈有黑色光，代表病患體內有較高的外靈能量。外靈的因果毒素會毀壞肉體的生命機能，因此絕不能讓這種外靈停留在體內的任何一個部位。若是被外靈侵入頭腦意識的靈台裡，慢慢的，你的肉體的活動能力以及第六識的意識都會發生問題，嚴重時甚至和人交談時會胡言亂語。這是因為黑色的外靈毒素已經占據此人的頭腦意識，頭腦意識裡記載的資料會被這些高能量的外靈解讀、利用，自己仍不自覺，最後，思想及行為皆為外靈駕馭掌控，而身不由己。如果此外靈停留在你的心臟，即使僅僅一天，心臟必定敗壞和嚴重受損，若出現於其他五臟六腑，情形也相同。

由無形層面所帶出來的疾病，若是腦神經方面的問題，常有人因此人格分裂、精神錯亂，因為此人已被外靈占據頭腦意識中心，被其操控主宰，自身意識完全被埋沒。這種人在社會上無法和正常人接觸，人生至此已經沒有什麼意義了。

若要治療這種病症，一定要清楚內在的因果牽連，以及這一世的因緣所帶來的外靈。過去有一對夫妻來找我，妻子告訴我，她的先生以前為了生意以及家庭，聽信通靈者的建議，認為若是通靈生意就會更好，於是就去嘗試通靈。但是那次被通靈之後，全身的濁氣都被啟動了，尤其是頭腦意識中心都被駕馭，之後又啟發了他的他神通、他心通以及陰陽眼。縱然具有通靈能力，但她先生的言行舉止都走了樣，妻子為此憂心至極。

那次，筆者就當著所有的學員的面前，為該位先生做身心靈的調整，讓學員們了解、見證此一過程。要調整剛進入精神分裂狀態的患者比較簡單，只要持續進行排除他們體內濁氣與外靈，經過兩、三個月持續進行，就能恢復他本來的意識。

但如果是一個已罹患精神疾病多年的患者，他的頭腦意識中心已經被占據很久，意識能力被外靈占據及運作很長一段時間了，肉體的組織都充滿著外靈濁氣。因為已經沒有屬於自我的意識，他本人全然不知自己的狀況。像這種嚴重的精神分裂症患者，必須送到療養院或有專門看護看著他，不能讓他任意跑出去，為外靈所控制的人，跑出去可能會對自己或他人造成傷害。

國內的精神分裂症患者人數已超過十幾萬人，台灣有很多愛心單位在照顧這些人，像高雄龍發堂專門收容精神病患，可以讓患者的親人卸下重擔。如果天醫光啟轉化祕法時機成熟時，可以大量幫助這些為精神疾病所苦的人，或是腦神經有問題的人，減輕他們的痛苦，恢復他們本來的人生觀，改善他們的生活品質。觀音上師的慈悲教化，透過筆者所傳出的天醫光啟轉化祕法，對現代人來說是最簡單、快速、完整的正道，希望有緣者能夠來到此地與大家分享。

天醫光啟轉化祕法化解轉世因果

天醫光啟轉化祕法修持的過程可以說是獨一無二的，全世界再也沒有與我們相同的靈修方式。經過五年多來的親身印證，經過北、中、南各地的修行課程所訓練的學員們，也都親眼目睹疾病治療的過程。俗話說：「人在做，天在看。」也可以說人在做，而無形的力量在幫助我們，所以也可以說是「善有善報，惡有惡報，不是不報，是時間未到。」

現代文明人的頭腦意識如此繁雜，第六、第七意識中心如此執著，正因為我們的心如此零亂，才會產生煩惱與痛苦、憂愁或是雜念，如果心術不正，就很容易偏私、邪惡，就會成為外靈寄託的對象，肉體也會遭受損害。二十一世紀的人們，就要透過適合現代人的天醫光啟轉化祕法，來靜定我們的身心。

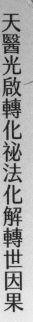

如何化解病苦？如何化解因果問題？最關鍵的在於暗藏的因果。例如某個人經歷了十幾次的轉世，那麼他生生世世的死亡歲數，就是他今世的劫數。如果過去世他曾在九歲和十九歲死亡，那麼今世，他在九歲與十九歲時，也都會有一個劫數，一定要度過這些劫數關卡，才能繼續活下去。若是他經歷的轉世中，最長的歲數是八十九歲，如果沒有闖過這個劫數，八十九歲時就會受到因果的牽連。

或許年輕人與中年人在精神上比較旺盛，暗藏的因果若是啟發，不會同時啟發阿賴耶識的累世因果，也比較不會產生併發症。但是對老年人就不同了，如果一種疾病沒醫好，因果又被外靈濁氣所啟發，就會形成併發症。假如這個人過去世曾經因為肝癌或心臟病等原因死亡，當這些因果同時被啟發而出現併發症，這個人的生命一定會有很大的劫數。

無形的力量會影響今生的命運，也會使你的命運如苦海一般。無形的精神層面是肉眼無法看到的，必須有天眼和宿命通才能看到這些外靈。這些無形的外靈本來就存在，現代人是因為追求物質享受，所以無法感受到無形精神層面的存在。

有些人賺了錢卻守不住，就是會漏財；有些人找不到工作，整日遊手好閒；有些人感情上有問題，有些人家庭婚姻出狀況，有些人是子女令人擔憂……。如果你有因緣福報，就要趕快用你的智慧來探討生命的真諦，以及防止外靈進入體內。

人類是萬物之靈，絕不能像動物一般互相殘殺，人類是有智慧的，所以一定要和平相處。一旦人類無法在這個時代裡安頓身心，反而百病聚於一身，不但身心憔悴痛苦，更別提享受人生了。無緣享受二十一世紀的文明所帶來的利益，無法享有幸福的感受，都是因為內在的因果循環以及此生的因緣所引起，加上外靈進入體內，人生路途更是充滿坎坷與不如意。

國內外的因果病越來越多，現代發達的醫學、進步的科技，不但沒有減少病苦，還有越來越多的疾病。這事實也在告訴我們，現代人的生命是如此脆弱及短暫。人類的文明病達到了最高峰，西方醫藥學界對各種癌症及其他疑難雜症都束手無策，反而在自然療法及傳統的醫療，以及各種宗教和靈性療法中，很多疾病就好轉了起來，有的療癒效果甚至達到百分之百，超乎你所想像。

世界各地都開始了一股追求靈性探討、靈性療癒的風潮，台灣各種宗教的靈魂療癒及特殊療法也百花齊放。雖然台灣醫學具有專業的權威性，但是以靈學角度救人救世的事蹟亦不勝枚舉，這種事例在台灣傳統宗教文化中占有一席之地。

如果有心要貢獻社會，透過修行我們開創的天醫光啟轉化祕法，再向外多救助一些病苦的人，透過天醫光啟轉化祕法的發展，服務眾人與救助更多人的效果就能更顯著，更有實質的功效。

因果病的症狀及現象

如果頭頂靈光中心、太陽穴或鬢角位置經常感到疼痛，或是後腦、間腦、肩膀等部位常感覺疼痛，這就屬於我所謂的疑難雜症。這些症狀連醫生都看不好，藥物只能舒緩疼痛，無法根治。如果你想要化解這些症狀，最好不要用傳統的坐禪、觀想、冥想或是練氣功的方式解決，因為，如果沒有正善正見的老師從旁引導，自己進行這些活動，可能會出很多問題。為什麼？因為大多數人的心性修為、禪定靜定的功夫不夠，而這些法門都是用有為法的意識作用，會使你頭頂的靈台中心點和各部位產生濁氣。你的意念所到之處，濁氣就會聚集在那個部位，後遺症就像頭上打了一個結一樣，非常痛苦難受。

因此，若是有這些病症或疑難雜症的有緣人，可以到南投草屯千手觀音道場，來體驗天醫光啟轉化祕法等方法，幫助你排除疑難雜症，或是讓你了解該如何治療及自我調整。這些疑難雜症是無法經由醫學治癒的，例如，癌症就是一個很好的例子。這些都屬於無形精神層面的問題，需要經由本人的身心靜定下來才能化解，絕對不能重用頭腦意識和其他不正確的方式，這樣一來，企圖消除疼痛卻引進更多濁氣，反而使痛苦加劇，千萬要特別注意。

第二章

靈魂光的生命能量學

靈魂光從天界磁場最早的原生地誕生，從第一個靈魂光生命到最後一個靈魂光生命，其中能量差別很大，但靈魂生命是永遠存在的，它是不生不滅的現象，不會被消滅或破壞。靈魂光自天界等法界下來，一定是以降生的方式，寄託在人體的中心磁場，一個靈魂光只能寄託在一個人，它會再度轉世成人，而成為這一世的肉身。

靈魂光本身有奇妙的感應能力，寄託在人體的靈魂，透過正確的開發啟動與連結，就可以啟發出大智慧。自古以來，所有修持的方法法門，都是在以各種方法打開這個內在的靈魂光——也就是智慧之光——和有限的肉體合一。不生不滅的生命和有生有滅的肉體合一，創造人類的福祉並了解生命的真正意義，達到上天天賦與使命，好好啟發偉大的智慧。唯有靈魂光靈魂真氣及內在拙火現化與連結，啟動感應能力，才有可能打通我們「中氣脈」（任督兩脈）。自古以來，只有佛教釋迦牟尼佛達到究竟解脫，達到修成正果的境界，因此佛教至今還有修持方法及功能，可讓人們從福慧雙修、四禪八定，靜定中解脫，離苦得樂，了脫生死。

釋迦牟尼佛透過靜坐禪定的修法修成正果後，將祂如何修成正果、成道的過程，留下經典傳承給後人。但二千五百多年來，佛門也慢慢的落入宗教的儀軌形式，原因在於沒有正確的方法使靈魂真氣出竅，啟發出大智慧。再加上物質世界的腐化及現代人的貪婪，又怠惰於沒有道地實修的緣故，所以沒有辦法開發出我們的智慧之光。

靈魂光為何？又是如何培養出另一條世間意識魂生命（又稱為外靈）的？

人類的靈魂光就是我們的佛性與神性，它幫助人類思考、判讀、判斷、理解、記憶、探討和研究，所以人類才能成為萬物之靈。

人的壽命結束後，靈魂光會就回到天界的磁場中，佛教認為，人類壽盡命終時，受過去世與現在世所有善惡業力的支配，而轉投他處去受生，但在已死後至受生前這一階段中，所保有的「識身」（即神識）又叫做「中有身」或「中陰身」。因為在死後生前這階段，仍然保有生命的力量和形態，故名中有身；而此中有身仍為「五蘊」（五陰）所蔭障迷覆，故又名中陰身。

人死，其神識尚在，當神識離開身體之後，便成了中陰身。此中陰身的轉化是依據先前行為的性質（即業力），作下一次「生命之輪」的輪迴根據。輪迴可能是較高級的也可能是較低級的，在六道中不斷輪迴流轉。通常這過程被稱為「轉世」，但這是狹義的理解，因為輪迴的意思並不是指肉體死後，靈魂再投入另外一個身體，輪迴意指因為前世行為的影響力，而產生新生命的一種創造作用。

從靈魂醫學的角度來看靈魂光，靈魂光有如電腦記憶體，記載了過去所有世的轉世紀錄，和我們的腦意識只能記載此世的記憶不同，靈魂光反而不會主動記載此世的資料。當我們此世的生命結束後，靈魂光會返回天界磁場，而脫離身體的意識魂則由於感應現象，會將意識魂的記憶傳送給在天界的靈魂光，再將此世經歷記錄在靈魂光之中。

降生於世、寄託在肉體上的靈魂光，是無形的先天自然靈光，是創造有形物質世界的一分子，靈魂光的輪迴轉世、返回天界磁場的循環，已經歷了億萬年，靈魂光是不生不滅，永遠存在的。宇宙有成住壞空，萬物有生住異滅，乃至於人類也有生老病死，只有無形精神的先天生命靈魂光是不會被消滅的。

但是人有智慧、有意識，投生為人，擁有人身智慧時不修心性，做出傷天害理的事，或違背良心行事，來世就有可能作牛作馬，只能受業報。靈魂光在這一世轉生當人是不容易的事，這也是累世所積善業才有的果報。而能出生在台灣的人，都是前世有修為的人，帶有修行的因果，因此這一世台灣人的真病和無形所引發的病苦才會如此之多，這和前世的修持因果有很大的關聯。

外靈形成的原因

人有靈魂光生命，以及在這一世培養出來的「意識魂」和「肉體生魂」。於是靈魂光、意識魂、肉體生魂都是有生命的魂魄，當一個人生命結束後，靈魂光回歸天界磁場，意識魂會前往天界磁場的地府法界磁場。若無迴光返照現象，意識魂會流浪於冥冥空間中，或者留在世間成為外靈。

問題是，主要的靈魂光不斷輪迴，當靈魂光生命再次降生有了肉體後，又會創造兩條意識魂和肉體生魂。一旦靈魂光轉了十世，就會多出十條魂魄生命，那些留在人間的魂魄生命已經超過人口的千萬倍了。

這些遺落人間的外靈生命，一旦進入人體，會影響一個人的精神和肉體健康，不但使人病苦纏身甚至改變人的命運。凡是意外死亡或是沒有迴光返照，意識魂就無法前往天界磁場的地府法界磁場，會在人間遊蕩，尋找磁場寄託的地方。它們最習慣的寄託對象是人體，因為魂魄本來是寄託在人的磁場中心。因為死亡，磁力消失而離開肉體的魂，就成了四處尋找寄託的外靈，這就就是外靈生命的由來。

這些外靈生命又被道家稱為孤魂野鬼（意識魂），它會發出電波感應，如果修持者心性修養良好，生活正常，日出而作日落而息，外靈生命就比較不會侵入體內；如果心性修養不好，動不動就生氣煩惱、情緒失控，外靈生命就會很容易侵入肉體而造成許多後遺症。

知道這些原理與來龍去脈後，你自應修心養性，保持心情平靜，知足常樂，將能永保平安。當一個人欲望太強，頭腦運用過度而且用在煩惱憂愁上，竅門就會打開，遊蕩的外靈生命就會乘虛而入，進入人體體內的磁場。如果平時修養好、睡得好、心情好，靈魂光能量會比較強，靈魂真氣能很快的化解掉這些外靈生命。你可以注意一下，如果你一睡覺醒來就放屁排氣，那就是代表外靈生命被你的靈魂真氣消化掉的自然現象。若遇到較強的外靈生命，會強勢的在你的記憶體上留存，如果它寄託在人體內就要特別注意，它有時會侵占人的腦意識，改變人的言行舉止，出現走火入魔、精神分裂的狀況。

外靈如何入侵人體

人體有感應的竅門，又稱為感應竅門，例如第六感就是意識通。感應竅門的位置在頭上，心通的感應就在心臟附近，另外還有耳通、眼通，都是人的感應竅門。因為外面的外靈生命太多了，任何一個門戶都不可以隨意打開，打開就會引起外靈入侵。要閉鎖竅門不讓竅門輕易打開，要靠修心養性，常保平靜的心，時時刻刻靜心觀照，不可違背良心，也不可以偏私邪惡。太著重個人意識、自私自利、貪得無厭、作賊心虛，都是會使竅門打開的狀態。

自己造業自己要面對，你頭腦不清醒，容易煩惱、憂慮、操心、憂愁、雜念不斷、迷失、緊張恐怖，如果你是這種不容易平靜的性格，竅門就很容易打開，自己一定要時時特別注意，別讓外靈生命進入體內，阻塞你真氣的循環，否則會破壞肉體而且產生疑難雜症。

外靈侵入人體的情況

每個外靈生命都有它們的因果紀錄，如果是死於癌症，那麼它所發出來的氣，就是有毒素的濁氣；如果是意外死亡、冤死、死不瞑目，就會散發出冤氣。靈修者和一般人在不知道這些現象的情況下盲修瞎練，萬一讓這些物外靈進入體內，啟發你的神通感應，就是所謂的「他神通」；如果外靈啟發修行者的意通，我們稱之為「意識他神通」。

真正的內修法門是要啟發靈魂真氣進而出竅感應，形成第三眼——天眼通——的感應能力，它能生成大智慧。有些人開發出意識本神通，這也算是內修的修為，但境界較低，很容易被外靈蒙蔽引導走偏。一般的意識魂，是靈魂光藉由寄託在肉體身，靠後天培養出來的意識魂，而靈魂光是先天自然精神生命的能量，是來自於宇宙天界的能量，所以腦意識的能量不及靈魂光本體的能量。

天眼與陰陽眼的比較

那麼何謂天眼呢？是不是能夠看到所有靈界無形的鬼神就是天眼呢？其實並非如此。如果一個人有先天的眼通能力，他就能看到無形層面的靈體。這些人曾經在前世有修為、修持並啟發了陰陽氣徑得到眼通，能觀看無形的靈體靈氣，所以他這世轉生時就具有眼通能力，也就是第二眼的能力——陰陽眼。天眼則不同，天眼我們將之定義為第三眼，是透過系統的修持而得到的眼通能力，雖然跟陰陽眼一樣，擁有透視靈界無形層次的能力，但是境界不同。

天眼和陰陽眼基本上不同之處，在於陰陽眼是先天性的，不是每個人都具有的，比例上，大約一百人會有二、三位有陰陽眼。天眼卻是人人本身具足，本然擁有的，只是必須經過正確的系統修持才能啟發。現今，人們的天眼受到累世輪迴的因果障蔽，以及今世過度使用意識，使得本來具有神通能力以及奧妙無窮的天眼，都被封鎖、遮蔽了。而且，從古至今，都沒有正確的方法可以將這個能力開發出來。

什麼是陰陽眼？

陰陽眼的生成，有的是因修持靈界祕法而得，有的是宗教修持所得，有的是神靈附體而生成，有人是莫名奇妙糊裡糊塗就有了陰陽眼，有的是因為練氣功練出了陰陽眼。有些人得到這種能力會非常高興，因為他能看見別人無法看見的靈氣、靈體或預知未來將發生的事，或是具有觀看別人的病氣與疑難雜症的能力。但是也有些人因為有了這種能力而苦惱，因為大多數的陰陽眼並不能隨心所欲，想看的時候不見得能看得見，不想看時卻突然出現，有時候所見的靈氣和靈體形貌極其恐怖，而且出現的時間和場合也不一定，必定會擾亂平靜的日常生活。

陰陽眼的生成雖然有許多不同的原因，但最基本的是此人必須具有先天性的眼通氣徑，這是經過某種祕法的修持以及因緣際會，而使得他體內的真氣運行，衝開了人身竅門、眼竅、耳通等等，使先天的陰陽氣徑得以通暢，而獲得能看無形靈氣靈體的陰陽眼。先天性眼通的氣徑，都是因前世修持而得眼通，今世就會有具有先天性眼通的氣徑，所以，陰陽眼並非你於此生修持可得，都是先天性的。

啟發陰陽眼的原因，歸納起來可分為兩大類：一是因修持密法和靜坐練氣功等，使體內真氣運行，通暢了先天的陰陽氣徑而啟發陰陽眼；另一類是靈媒或乩童在進行特殊宗教儀式時，體內的外靈（意識靈）將其陰陽氣徑暢通，助其獲得能看見鬼神的陰陽眼。

陰陽眼在觀看時有兩種不同的樣貌，分別為兩眼睜開直視，和閉著或瞇著雙眼的觀看。由於陰陽眼為意識、他神所為，並非本身靈的能力，所以其境界及能力都受到限制，雖然能看見無形的靈氣、靈體，或是能預知將發生的事，也能觀察人們的病痛及疑難雜症，卻沒有能力化解，也沒有能力分辨所見景象與鬼神的真偽，更無法替人承擔因果。所以有陰陽眼的人後來常會推說：「天機不可洩露。」因為他所有觀看到的事常會不同，也常常不精確。

預知事情不精確的原因，第一點是因為無形的神鬼靈也有鬼神通，它能變化形象，也能知道人類的想法，於是它會化現成你所想像的人或神的形貌讓你看，但陰陽眼只有看的能力，無法分辨所見之事的真偽；或者只看到片刻，無法得知事情的原由、全貌，自然就會發生預測不準確的情形。

第二點是受本身意識形態的影響，陰陽眼沒有本性靈氣真氣，是一種完全靠陰陽的氣徑舒通而得到的觀看能力，而陰陽氣徑容易受意識的影響，當腦中想到某個景象或人物，在陰陽眼中立刻就能看見。

我們生活的這個時代，科技進步物質豐沛，一般人都重視物質與感官享受，人類具有高度的意識作用與意識活動，若一個人無意中打通了陰陽眼，卻不明究竟，沒有正確的認知也不能做正確的應用，陰陽眼所見都是意識的幻象，就很容易誤導別人。

第三個原因，是因為陰陽眼的啟發皆為意識和他神通所致。陰陽眼有觀看無形靈界的能力，卻沒有保護自己的能力，所以反而容易受到驚嚇，或者因此過度煩憂而更易受靈界的干擾。在無法靜定的情況下，會將外靈引進體內和其體內的氣徑相通，意識與身體健康都會受到影響。

由於陰陽眼的能力及境界受到限制，因此開了陰陽眼的人除了修自己，最多只能做到提點，至於能不能救人已是其次，更遑論度人了。有陰陽眼的人若無相當的修持力，甚至最好不要試圖幫助他人，因為有時候很容易誤導別人，甚至自己也容易發生走火入魔的情形。即使存有救助他人的正心與善心，但是最好還是先妥善的自我修持、修身養性，提高自己的能量。

大多數得到陰陽眼能力的人，由於無法隨心所欲或根本不會運用，又常受到驚嚇，因此有不少人對於得到這種能力並不感到欣喜，但是又無法使這種能力消失。原本平靜的生活，逐漸開始亂了步調，甚至被人誤解為精神不正常或者怪力亂神。其實這個問題很容易解決，只要能得到名師的指點，就可以調整，所有的麻煩與痛苦就能完全消除。

靈媒、乩童陰陽眼的局限

由於陰陽眼是意識和他神通所致，並非本體靈魂之能力，所以境界和能力都受到限制。陰陽眼雖然能看見無形的靈氣、靈體或預知將發生的事情，也能觀察他人的病痛及疑難雜症，但並沒有能力化解或解除，也沒有能力分辨所看到的景物和鬼神的真偽，更無法替人承擔因果業力。因此，想以陰陽眼的能力來為人解決事情，有時反而會造成一些脫序的情形，不但沒有辦法解決問題，反而還增加求助者的問題，衍生出更多麻煩。

無形的鬼神也有五神通，能變幻各種形象形體，它們能知道人的思想，所以可以幻化成為你所想像的人或神佛形象，但陰陽眼只有觀看能力而無法印證真偽，很容易把外靈幻化的神佛當成真神，自然就會發生種種問題。一般的靈媒與乩童，一樣是受本身的意識影響而有的陰陽眼，是靠陰陽氣徑通氣而得，不是由靈魂真氣所啟發。但陰陽氣徑極容易受到意識氣牽引而受影響，當腦海中想到和意識到某個景物或人，會立刻映射在陰陽眼，所以常會有些無中生有的景象。前來向靈媒、乩童求助的人，在陰陽眼的意識影響下，有時不但問題無法解決，還又增加許多其他問題，心理多了恐懼、害怕、擔憂，真是一波未平一波又起。

由於陰陽眼的能力及境界受到限制，靈媒或乩童雖有心想度人、救人，往往忽略了心的重要，忽略了能力的限制及事情的輕重，以為是藉通靈能力在度人、救人，沒想過若當事人心生抗拒或過於沉迷於神蹟，反而傷害了求助的眾生。

除了度人、救人的善心落空以外，也容易走火入魔傷到自身。所以除非是刻意修持而得到的陰陽眼，且又有幸遇得明師指點，否則大多數有陰陽眼能力的人，輕則看到恐怖的面貌，而受到驚嚇，重則反被這些意識靈所利用。既無法自己關閉這種能力，也無法使這種能力自動消失，生活亂了步調甚至被誤解為精神不正常，因為陰陽眼的能力而親近你的信眾，因為問題與病痛無法求得解決，甚至因此衍生出更多的麻煩和痛苦，對彼此都是雪上加霜，苦不堪言。

自古以來，許多修行人都不知道這些原理，看到的都是意識靈製造出來的假象，因此佛教經典提到不能執著於色相，就是怕人會迷失在這種幻象的世界裡，因而迷失了自己的本性。

靈魂光能量與天界磁場寄託

自古以來，無論是民間傳說或宗教的勸世之說，或者是靈魂界所追尋的理論，都有一種相同的觀念，認為在有形物質世界之外還有肉眼看不見的世界存在。國外的科學家也認為，無形之中還有我們看不到的世界存在，其中有兩個大家都很熟悉的地方，一個是人心所嚮往的天堂，另一個使人畏懼的地獄。

依照宗教的說法，人生在世有信仰、多行善助人，死後靈魂就可以上天堂，享受無窮的快樂；若是做壞事，死後會落入地獄受到審判和極為可怕的刑罰。

可是究竟有沒有天堂呢？有沒有地獄呢？如果沒有，為什麼古今中外有那麼多對天堂與地獄的記載呢？而且那麼逼真。還有，人死還魂之後所描述的天堂和地獄，也和傳說的很接近。如果說有，那天堂和地獄又在哪裡？這兩個地方究竟是什麼樣子呢？

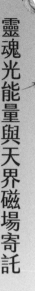

有許多通靈人聲稱遊歷過天界與地獄，還有人畫下經歷過的地方，流傳至今，讓人們畏懼地獄的刑罰，嚮往天堂的享福快樂，這些描述，都半恐嚇半激勵人們在活著的時候去惡行善。

暫且不論事情真相如何，最起碼勸人行善、期望人與人之間沒有紛爭而能和平相處，就值得我們讚佩這些先聖先賢了。但在目前科技進步的時代，一切事物都要講求實證，因此，有不少科學家在世界各地搜尋史前遺跡與文化，將所有尋找到的各種資料以科學儀器檢驗與分析，為的就是要探究人的緣起、生命的起源。

儘管許多科學家和專家提出考證和物證，但卻無法以現代科技來解釋，因此多數人對於是否有上帝、神、佛、魔鬼，天堂與地獄的存在產生懷疑。現在的科技和知識無法解開許多存在已久的謎團，例如埃及的金字塔是如何造成？馬雅文化是怎麼一回事？許多人找尋的理想樂土亞特蘭提斯究竟是怎麼一回事？中國的易經、禪，也都是現代科技和知識無法解釋的。

宗教界雖然堅持有神佛、上帝、魔鬼和天堂與地獄的存在，但同樣提不出有力的說服證據。因此宗教已逐漸對一般人失去影響力，許多人認為宗教只是勸人行善，讓人獲得心境的寧靜而已。但事實真的只是如此嗎？

其實過去不被大眾重視的心靈、靈性、靈魂學、靈修，早已重新抬頭，各種新興門派有如雨後春筍般紛紛出現。不論大眾是基於好奇，或希望透過靈修有所領悟，或者想藉由靈修改善身心健康以及獲得身心平衡與寧靜，從事靈修及靈性研究的人越來越多。

由於一般的靈修法皆是古傳祕法，經過久遠年代的流傳，資料早已殘缺，或是因為文字傳遞的隔閡而誤傳或誤解了記載，或者適合古人的靈修修持祕法，不合於現代人講求效率的生活，資訊化時代更是每分每秒都不容虛耗。但是遵守古傳祕法、靈修祕法，因時空背景、法門的不同，且修行尚需因人而異而有不同的對治法門。如果古傳祕法沒有改進，靈修者花了長時間修行而一無所獲，或是有人修得神通，卻無法解開心中的結，最終都無法求得解脫之道。

靈修這條路，向來都是各派自成一家、各說其是，各宗派對同一個特定問題的解釋，會出現許多不同的答案，就讓人覺得這些答案都不可靠。所有的道理都是由人的口中說出來的，只要合乎某種邏輯就能成立，於是各種道理時而可聞，卻讓聽的人無所適從。但是道理並非絕對的真理，真理就是真理，必須經過印證，經歷過千百年，無論時間空間或時代如何轉變，不變的真理仍能屹立不搖。

至於在我們有形的物質世界之外，宇宙中是否有另一個我們看不見的無形世界？答案是有的，是肯定的。但實際的情形，和一般宗教的說法有所不同。

無形的世界，也就是靈魂光的世界，靈魂光世界中所居住的都是靈光，而靈魂光因其靈光能量的高低，寄託於不同能量的天界磁場，以佛教來講就是四禪八定的境界，但在人的眼中（陰陽眼和在入境時意識所感應者）所看見的，各有不同的形象。

在某些通靈人士的神有天界的紀錄中，天界中每一位神、佛、天使、神仙，各有其不同的樂土。在天界，有花、草、樹木、山水、大殿等等，殿堂都是燦爛無比的發光體，所有可見的一切都散發著光芒，還會隨著人的意念出現各種景象。天界的一切景象都和人間不同，色彩嬌豔無比且閃閃發光，光芒閃耀卻又柔和溫暖，有時會有七彩的光芒和煦的飄過。在天界裡的神仙、神、佛，面目祥和愉悅，是個無憂無慮、歡樂安詳的淨土。

地獄的景象就與天界截然不同了，森羅殿中恐怖萬分，身於其中只覺陰森冷冽，寒氣逼人。各殿閻君冷肅威嚴，判官冷面無私，牛頭馬面及執刑的鬼卒更是凶煞凌人，受刑的鬼魂哀聲慘叫，整個陰間陰風慘慘，讓人不寒而慄。

可是，相同的天界和地獄卻會因不同人（通靈人、靈媒或乩童）而看見不同的景象。以科學的看法和邏輯來看，這就值得懷疑，因為，如果真的有天堂與地獄，任何人看見的應該是一樣的景象，才能證明確有其事。比方說A到墾丁公園觀光，他說那是個美麗的地方，山海優美、風光綺麗；B同樣去了墾丁，看到的景物和A看到的完全相同；然後C、D、E……很多人都去了墾丁，每個人所看見的景象都相同，這就可以證明確實有墾丁這個地方。

但是為什麼這些有眼通的通靈人、靈媒，到了同一個天界，看見的卻是不同的景象呢？這麼多人表示去過，那可能真的有天堂和地獄？但不同人看到的和傳說的有出入，這是因為通靈者與靈媒的感應能力（所看、所觀看的境界）、主觀意識和因緣法各有不同，「看」到的也就不一樣。一般人的修持法都是以「意識想像」帶動「氣」的循環，因此通靈人、靈媒的神通以「心通」最多。心通能力可了解意識所感應到的人、事、物的內在含意，意通則感應外界的人、事、物，也就是一般所說的預感、靈感。

無論是靈感、預感的能力有多強，沒有親眼看見物和景致，感應必定產生偏差。而且一般人的「意識神通」，絕大多數為他靈進來通竅的「他神通」，只有極少數「本靈」通竅的「本靈通」，所以有意識通者，因其神通的能力為體內之外靈所為，而外靈的能量是沒有能力到達天界以上的。

因此，若是以意識通來感應天界，所看見或感應到的絕大多數只是「幻象」，而有眼通能力的陰陽眼，所見景物會因修持者本身的心性，直接影響其觀看透視的能力和境界。

一般來說，如能正心修行，正善正見，修身養心，勸世救人，行善助人，不偏不私，有禪定的工夫、禪定的定力與功力，有可能修得天界以上乃至觀音菩薩境界及次第。

四禪八定的定力境界要修持到如此的境界，真是少之又少。

一般有眼通（陰陽眼）的修持者其觀看透視的能力，雖然是先天性的氣徑再經修持所得，但能力必定受體內的外靈影響，使得其境界受到極大的限制。有陰陽眼的人需長時期的修持，若心性無法保持正善、正念，肯定會引進更多外靈，使其心性變得偏私走邪，除了會逐漸失去洞悉能力外，貢高我慢也會越來越強，越來越執著人世間的貪、瞋、癡、慢、疑。

陰陽眼是由陰陽氣徑通達雙眼而能看見，而陰陽氣徑本身就是意識的氣徑，極易容易受到腦意識的影響。觀看時，若腦意識不能保持平靜，就會想到什麼就看到什麼。陰陽眼者在靜坐時，若是想到曾經看過的天界記載，或是想及自己今天是否能到天界一遊，念頭一到，腦意識中關於天界的記憶及相關訊息，即會一一浮現在眼前，進而產生了遊天界的幻覺。

這時所「看」到的「遊天界」，有一種是在書上看過有關天界的記載而心中羨慕，在他的腦意識中即產生嚮往天界的欲望，當他在靜坐時，也會因此意識而產生幻覺。

另一種情況就是，一個人體內的外靈濁氣，會在修持者靜坐時，幻化假象給修持者看。而外靈所幻化的景象，必須在此人無法靜定、心神零亂時，控制其腦意識，才能讓此人看見外靈所幻化的景象。外靈就是道家所說的孤魂野鬼，能幻化景象者必定是外靈，其意識魂的能量很低，對天界之事並不了解，所知道的只是這個意識魂、鬼魂生前腦中的記憶而已。

因此，重點來了，有陰陽眼的人絕不可能觀看到天界，他們宣稱所看到的天界，十之八九都天差地遠，這就是個人意識形態的幻象加上外靈的影響，以及個人修為的不同所造成。所以若要說有真正的神存在，或是說自己所看到景象是真的，都必須要能接受印證才對。

在四禪八定中或禪定中，你的定力越具足，天眼的能力也越高超，這是因為在四禪八定中，本體的本靈就具足這些能力，天眼通自然會打開。在本靈通竅前，修持者必須先將體內的外靈濁氣完全排除，再慢慢轉化它帶到今世肉體的累世因果病。天醫光啟轉化祕法，就可使學員藉著調整轉世氣徑的神奇功效，使今生今世肉體更健康，身心更平衡、更祥和，並能使本體在今世重現，而達到天人合一的境界。

本靈即為靈魂光，本身即具足五眼六通的能力，只是我們的心性雜染，妄想執著不得解脫。但是若能啟發智慧之光，其能力及境界都極為高超，能明確觀看到任何想去的天界和地府，而且由本靈所啟發的天眼者，所看見的景物必定完全相同，同一性才可以證明天眼的能力。

其實，一般人所說的天堂只是對「天界」，或宗教家所說的「法界」的統稱，各宗教對天界的說法雖然不同，但究竟的精神卻是相同的。事實上，天界就是無形的磁場法界，每個靈魂光都依其能量的不同，寄託於能量磁場不同的法界。例如修至天人法界的境界，就會寄託在天人法界的磁場；修到羅漢界，就會寄託在羅漢界的果位。每一個磁場各具不同的能量、不同的次第、不同的果報，也各有不同的頻率。即使是兩個相同的磁場頻率也有差異，將各自吸引頻率相近的靈魂光寄託在內。

每一個不同能量的磁場就是不同的天界，若以天眼觀察，只會看見代表性的靈光，靈魂光在世投胎為人，回歸法界則為所修果位的神的形象。例如，在觀音菩薩法界可以看見觀音菩薩，及其他許多諸神佛觀音菩薩的形象。我們就以觀音菩薩為例，在觀音菩薩所寄託的南海普陀山，除了觀音菩薩之外還有許許多多靈光，這些靈光的能量就都是寄託在觀音菩薩的能量法界。

有意思的是，民間供奉觀音菩薩的廟宇很多，每間廟宇都說他所供奉的是觀音菩薩的靈，有些人宣稱他們供奉的是觀音菩薩正靈，其實那是人們不懂靈界的原則。凡是成就的靈都按照宇宙法則，依照所修得的因果果報回到該去的法界，回到本靈所該寄託的法界，絕不可能隨便降臨在人間的寺廟或壇堂所供奉的偶像之中，更不可能附身在某個人身上。

但是太多寺廟和通靈人、靈媒，都說他們所供奉的是某某正神，或說附身在他們身上的是某某神佛的正身或分靈，這又是怎麼一回事？

若以宗教和神話色彩的方式來解釋，我們還是以觀音菩薩作為例子。靈魂光再度下凡投胎得到肉體後，有些人還能繼續修行並行善度人，有些人卻被人間的花花世界所迷惑，七情六欲的意識強盛，而忘了來到人間的目的。當這個忘記投胎為人所為何來的人死後，靈魂光還是會回到該去的法界，然而他的意識魂和肉體生魂，卻未到地府報到，於是留在人間。若此人原本具有果報，加上生前也曾修行，雖然意識魂死得不甘心，但留在人間的意識魂和肉體生魂並不會為惡。

有些因其本靈是屬於觀音菩薩法界，且生前信奉觀音菩薩，於是，意識魂可能因此進入供奉觀音菩薩的廟寺、神壇，寄託在觀音菩薩的偶像中，現化其靈通來濟世救人，以此繼續其修行。有些意識魂則在人跡罕見的深山中，覓得好的地理靈穴，在該處繼續靈修。

因為與觀音菩薩同一個磁場的靈氣意識魂很多，人死後意識魂未到地府報到的也很多，所以才會在各地寺廟都有人（多是通靈人、靈媒、乩童或扶鸞生）自稱，寺廟內所供奉的是觀音菩薩的神靈。現在你知道，那其實大多是人死後未下地界報到的意識魂（外靈）而已。

只有極少數的寺廟，因為占了極佳的地理靈穴，此地的磁場與天界有相同的頻率電波，因此而有所感應；但僅此還不夠，寺廟的住持必須德行高超、心地善良、有一定的修為次第，所供奉的神像才能接收到天界正神的電波能量。猶如在此神像中設立一座電台，設定了能發生感應的磁場，而不是神佛降臨到神像中。

然而，有些人生前心性偏私、行為惡劣、不知修心養性，死後其意識魂未到地界報到，就會變成四處作弄人的孤魂野鬼、外靈、意識魂；還有一些生前被人所害或死於意外，其意識魂若沒有下地界就會找尋仇人報仇。活著的人若是生氣過度或過度運用意識，有時就會引進外靈，而影響身體健康、造成精神不佳，久而久之心靈和肉體都受到傷害。

因此，所謂的神、仙、菩薩、聖佛，都是在告訴世人：「你們也可以修成神、佛、菩薩。」考究諸神、佛、菩薩的成因，通常是某個對社會大眾做出重大貢獻的人死後，民眾基於對他的感謝、懷念、追思與敬仰，而建廟造神像膜拜，逐漸在人們心中深植了一種神聖的形象，使後人繼續尊敬並膜拜，演變至後來就逐漸變成一種文化、習俗與禮儀。

只是目前國內外有許多心靈課程，宗教界也多有開班授課，傳授「啟靈」或教授各種「神通」，不少人學習之後，確實有了某種「神通能力」，因而沾沾自喜，但他們卻不了解，修練神通後會造成什麼樣的影響。

一般的修持法是以「意識」去冥想、想像和觀想，來帶動意識氣徑的運行。這種修持法，雖然能讓修持者得到意識神通能力，卻沒有辦法將體內的外靈完全排除掉，更無法將靈魂光所經歷的轉世、所受的傷害、病痛與因果化除，也就是說，無法消除今世肉體的因果病。

若無洗滌轉化，絕無可能使本靈重現，也無法使我們主要的靈魂光能量增強。神通只是修持中的方便法而不是目的，修持神通是為了追尋人生的目的及人類的福祉。若是用不正確的修持法得到神通，反而會耗損自己靈魂光的能量，這樣不但沒有達到目的，反而使自己的修行退轉。在學習過程中，若意識太強，某些特殊的記憶所反映出景象，實際上只是幻覺而已，這樣反而造更多的因果業力，使心靈和肉體受到傷害。因此，奉勸所有有心追求真理的朋友們，要選擇返源的真道，學習正確的方法。

靈魂光能量是我們的精神食糧與磁場

人的本體又稱為靈魂或靈光，在體內為靈魂真氣，它具有極高超的潛能，它是宇宙的一分子，它是不生不滅的靈魂之光。而我們的頭腦意識是意識魂和意識光，在人體為頭腦意識和智力，是人類的眼、耳、鼻、舌、身、意藉著靈魂光的精神能量孕育而成，人的一切作為與表現，全和自身的本靈能量及因果關係相關聯。我們的肉體是肉身生魂，為祖德遺傳，在體內即為心臟的脈動，其功能在培養軀體的動能，為人類歷代生育流傳而得。

本體的精神能量支使軀體度過一生的生命，經歷無限輪迴轉世。由於受到意識、行為、業力的影響，使本體靈魂光的精神能量埋沒消滅，若過度重意識或者行惡、作奸犯科，將靈魂光的精神能量消耗殆盡，來生必定淪落轉世為畜生道與三惡道。

在天界的頻率磁場所寄託的靈魂光，培養能量的速度非常慢，因為天界的天人只有享受福報，等福報享盡，會再度輪迴人道。所以，靈魂光只有靠轉生人道，才能培養起自己的能量場，肉身在這無意識的狀態下才能獲得培養。人在睡覺時是無意識且全然放鬆，體內的真氣會自然循著體內的氣徑循環，恢復與增加能量，同時還可以消除疲累，恢復肉體的生機。因此當人受傷或生病，都需要長時間的睡眠與休息，來恢復健康及體力。

可是，自有人類以來，雖然人類盡量處處表現出仁慈、愛心、善良、高貴的人性，但仍有自私、貪婪、邪惡，醜陋的人性破壞了這片人間淨土。僅因為個人的私欲，小則發生人與人之間的鬥爭、互相傷害，大則演變成殺戮戰爭。古往今來，多少故事讓人引以為鑑：為了一位美人、爭奪一件寶物、因為一句惡語，大起干戈戰爭多年，以至於人民死傷無數的事件，層出不窮。

為了避免無謂的戰爭造成生靈塗炭，歷代聖賢達人創造出各種理論和宗教，來教化人心，希望人們都能充滿愛心與善心，希望世界和平。但人們的自我意志與意識，越來越強、越來越貪、瞋、癡、慢、疑，爭權奪利越來越多，紛爭紛擾也越來越多，聖賢們的勸化都成了空談、廢文。

很多人覺得人間是茫茫的苦海，從呱呱落地到生老病死，走完一生並沒有什麼意義，追求的一切到頭來也是一場空，於是有些人創造出靈修法門，希望藉此了解人生意義及宇宙真理。但是，自古以來的各種靈修祕法，慢慢的演變淪為一種儀式的形式，或者是以意識引導氣的運行，使體內的穴道氣徑充滿了意識的能量，此種祕法若要修到很高的境界，會遇到很大的瓶頸。唯有回歸本我，發現真我本來面目，自我的本性靈魂光才有道可修。

正確的修養與修行，應該要了解內在本性那不生不滅的靈光，它會讓體內的靈魂真氣自然的啟動，轉化累世氣徑而通氣。也就是說，靈光會清除累世因果印記，轉化習性業力，拔除體內的轉世因果殘根、啟發本體、開發天賦，也啟發第三隻眼天眼。如此，便能使本靈光現化，讓天地、人靈合一，可自度度人，還可利益眾生，也可認識人生與宇宙真理，更可恢復本來的靈光能量而歸宗返源。

人身靈魂光歷經轉世因果論

自宇宙混沌初開，孕育萬物以來，靈魂光來往去處或轉世再生的因果，都會記載於靈魂光的電腦裡，這種奧妙的感應記憶，也就是靈魂光本身奧祕的能力之一。因為靈魂光的精神能量一直追隨肉體，因緣和合再度轉世為人，以天眼透視，可追尋其靈光所經歷的時光轉變，以及輪迴轉世與再生因果的記載。因此，人類肉身與其體內的靈魂光，兩者需互助不可缺一。以肉體培養靈魂光能量，靈魂光才能顧全軀體生命，達到以良心處置其意識作為，完成天人合一的境界。

靈魂光寄託在人體內，無論經歷過多少年代、多少次輪迴轉世，今世能再得人身，都是極為難能可貴。佛家與道家都有相同的說法，認為人身難得，要珍惜此生的肉體生命，才能修真。在靈魂光所歷經過的所有轉世之中，每一世所造的因果及死亡的因果，都會清清楚楚儲存在靈魂光的記憶——第八識，阿賴耶識中，所以今世的命運吉凶，和軀體的疑難雜症與壽命，都與歷經轉世之因果有關。

我從所見的各式各樣修持法門中，理出一條適合現代人的修行方法，集佛學、生命科學、靈魂學、神祕學、儒家、道家、佛家之菁華，而形成彼此相輔相成且互不相斥的內修法門。此真理大道，就是由觀音菩薩法界的天醫光啟轉化祕法開始。

透過天醫光啟轉化祕法，可以看出學員們的能量脈動，以及身體的韻律動作，而每一世的動作與脈動，都有不一樣的特質跟特徵。如果能量脈動打開，過去的印記及前世今生，會各顯現其形態、動作和手腳的脈動，或是視覺可以看到前世影像，而一世一世的往回倒轉回溯，看見從靈魂光投胎轉世至今，所有轉世的靈動。而要能展現靈動與脈動，也是用天醫光啟轉化祕法來啟發。

啟動靈魂真氣來洗滌累世因果業力的原理，是本身靈魂光的感應能量，藉由天地的能量，來啟動內在的真氣，如此，就可以感應靈光能量所記憶的每一世過去世，也就是能感應到每一次「生命的因果」。人的體型、言行、習性、特徵、天賦異稟等等，也都和靈魂光以前曾經歷的轉世因果有關。這些因果，只要透過天醫光啟轉化祕法，就能慢慢現化、洗滌、轉化。

人類只能探討今世的生命，以目前的科學、文明知識，是無法體會和了解過去轉世的經歷，但是有些宗教家和靈修者，或者是現代的催眠術，可進入了解到的最多只有三世因果。

現在，我們用生命科學的角度，透過天醫光啟轉化祕法的實修印證，讓每個學員都能進入那個生命流，追查靈魂光所記載的輪迴轉世印記，同時來啟發內在的靈魂真氣，轉化習性業力，更重要的是去發掘、體悟，內在不生不滅的靈魂之光、神性和佛性。

人們以靈魂呼吸法，透過呼吸，將宇宙天地的能量連結到人體內在，啟動靈魂真氣，這些能量的脈動，又透過這方式打開轉世的印記。舉例來說，以天眼透視某人的轉世，看見肉體承受的損害和殘疾，此人在修練天醫光啟轉化祕法時，他定會表現出累世殘疾的動作。如果前世心臟曾經受傷，此世定會有先天性心臟病；如果前世少了左腳，今世的左腳穴道一定會受到因果的阻塞，而且左腳容易受傷；如果前世有損傷，但今世身體健全沒有毛病，那也只是時機未到。而我們今世經歷的肉體損害與傷痛，一樣會牽連到下一世，成為下一世身體的因果病。

因果的牽連與影響，是因為靈魂光記憶儲存著第八識——阿賴耶識——所造成的。感應能量分布在人體內的氣徑與穴道，若前世體內的某處穴道有問題，今世相同處的穴道會受到感應而出問題。而穴道的奧妙功能，是能使靈魂光的能量——靈魂真氣——增加或減少，也可以使人身肉體及生命力強壯和衰弱。

穴道的功能極為重要，它對軀體是否健壯、生命力是否旺盛，有極大的影響作用。累世歷經的轉世因果與肉體承受的傷害，都會在靈魂光能量的感應光區留存，然後在今世與肉體的穴道相感應，甚至前世死亡的原因也會在今世重演。

要想避開「因」的苦果，唯有藉著生命靈魂光能量——靈魂真氣的幫助，才能化開受到阻塞的穴道，使全身穴道慢慢通暢，但是這種能力，在古今中外的任何修持和鍛鍊法，都很難做到。簡單來說，因為人身上有三百六十個穴道，等於有三百六十個關卡，僅僅希望暢通每個關卡不阻塞已非易事，更何況各關卡多有障礙。因此，人體會因受到因果牽連而阻塞穴道，生機漸漸凋萎、老化、敗壞，終究死亡。結束生命後，等待下一次因緣和合，再來轉世投胎。

由於今世人身的生命力來自靈魂光的能量，因此，穴道內的靈魂光能量都極為重要，必須使穴道順暢無阻，靈魂光能量才能重現，也就是才能啟動靈魂真氣。如果人們能透過天醫光啟轉化祕法，再度啟動靈魂真氣，突破穴道所暗藏的因果，讓靈魂真氣現化，就可以使穴道暢通無阻，生命機能因此恢復活力，甚至可能達到返老還童的地步。與此同時，靈魂光的能量會慢慢洗滌、轉化累世輪迴的因果，了解今世人身難得，而建立正確的人生觀以及處世態度，進一步了解宇宙萬物的真理。

人若太重視個人意識，必為貪瞋癡三毒所害，而蒙蔽了真心本性，靈魂光的良知會被紅塵埋沒。然而一般人並不了解，今世為人，並不是那麼容易得到的，而且以今世的意識能力，也無法知道本身的靈魂光能量所歷經的轉世輪迴之苦。累世的轉世中所種下的因，造成了今世人身穴道受阻的果，使身體發生疑難雜症與病苦，而這些疑難病苦，找醫生或求神明也治不好，更無法尋求真相，多麼痛苦啊！

一般人身體有了疑難病痛就先找醫師診斷，醫生的治療與服用藥物，也是希望身體的生機能恢復正常。如果病痛是今世所造成的，是現世的生理病，例如操勞過度、身體虛弱、感冒，或者是意識用在不良嗜好而損害靈魂光能量，或者是意外傷害了肉體和內臟等等情形，找醫生治療是對的。可是，如果是受到因果的牽連，而發生無形的疑難雜症，或者是將意識用在人身體內，使穴道受到損傷或阻塞而發生的病痛，醫生就無法診治了。

不但醫生診查不出病症，連科學儀器也找不出病因，相信你曾聽過或見過，有人身上某處一直疼痛，甚至全身都疼痛、不舒服，或者有人是無法吃、睡。他們可能長年求醫治療卻不見起色，可能經過醫生診斷，診療結果是根本沒有病。醫生會說，只是工作太勞累、生活作息不正常、情緒緊張、壓力大等等所引起，只要放鬆精神好好休息，一切就會好轉。

若病人不死心，一直要問出個原因，醫生乾脆叫這位病人另請高明。常常因為如此，病人和家屬最後只好把希望放在神明身上，於是四處走訪，探訪各地出名的壇、堂、寺、廟，到處求神問卜。然而「籤紙」上的指示或乩童所傳的話，又會牽涉到因果，有的說是前世曾經害人和欠債，某某人或某子孫就是來討債的，身上的病痛也是鬼魂作弄……。因此，有人開玩笑說，有病醫生無法治療而找上神明時，就是該破財消災的時候了。其實，如果破了財真能消災，倒是不幸中的大幸，就怕破了財仍不能消災，甚至病情加重，求神明的人很可能受到更大的打擊，而喪失求生意志。

在這個因緣和合的當下，透過天醫光啟轉化祕法，連結觀音菩薩法界上師們光愛的能量，透過本人的靈魂真氣及靈力，來幫助有緣的眾生，化解各種疑難雜症與病苦。也希望有救世之心的有緣人，能得此高超的心胸，以愛心、關心來幫助世人，救治苦難，實現觀音菩薩法界上師們，以光愛能量來幫助現代人們離苦得樂。

今世肉身體內之病痛及外靈之由來

人生在世，離不開生、老、病、死、苦的考驗，沒有人不受痛苦、煩惱所折磨，但是因為個人的因果業力不同，所承受的業力苦也有差別。我們都了解，痛苦與煩惱的因，得依佛陀的證悟法門來解脫、釋放，若真能這樣，那我們不就遠離痛苦的深淵，超脫生死的框架，智慧了然，享受美好的如來人生嗎？也就能達到佛家的寂靜涅槃境界了。

但是在一般人看來，生老病死是肉體無法避免的自然現象。生，並非人所能自主；老，是肉體的自然現象，人們雖然想方設法延緩老化，但終究難以回春。生病的因素就有很多，還可分為「真病」與「假病」；「假病」是肉體的生理疾病，可以經由現代精良的醫學技術治癒，而「真病」是心靈面的疑難雜症所造成。一切眾生不是孤立的個體，是彼此相關且有其他世代相續的因果，「死」是人一生最後必須到達的終點，而人的死亡又分為自然死與非自然死兩種。現代人的壽命，一般活到七、八十歲都沒問題，在這八十年的壽命當中，肉體多少都生過病或受過傷，以目前醫學的發達，大部分的病情症狀都能有效治療。但是，大家都期待醫學能進步到事前預防，事先找出造成病痛的原因，並在發病前治療或預防，使人一生都健康無病痛。

不過，儘管醫學與科技有驚人的進步，還是有太多問題無法突破。很大一部分原因在於，科技與醫學能對有形的物質肉體展現極大的效率，但對於無形的心靈與靈性，卻完全沒有效用。因此，無論醫學家和科學家如何努力研究，還是無法讓人擁有先天自然、完全健康的身體。以天眼透視觀察到，人的肉體除了受到外來的傷害之外，其餘病痛都是由於體內的穴道受阻，使得先天真氣無法暢通循環所引起，穴道受阻，靈魂光無法培養肉體生機，肉體便逐漸老化與發生病痛。雖然中西醫都有化痰通氣的藥物，但效用微乎其微，最主要的原因，是不明暸穴道阻塞的原因。

造成肉體穴道阻塞的原因

造成肉體穴道阻塞的原因有三，第一，是因為一般人大多只重個人意識所造成的病痛；第二，是累世的因果所造成；第三，是今世外靈進入體內所造成的病痛。

現世的生理病，也就是一般常說的身體病痛與疾病，是因為今生負面的情緒過強，生活飲食起居調理不當，或是工作太過操勞，或者是生活習慣不好；例如不小心撞到東西而擦傷、太勞累免疫機能降低而引發感冒，或是牙痛等等，類似這種小病痛，一般的醫生就可以醫治好了。

靈魂光今世得到人身肉體前，已經歷經過數次的輪迴轉世，每一世的肉體生命都會生病或受傷，而每次的傷、病全都清楚的儲存在靈魂光的記憶之中，這些記憶都會隨著靈魂光輪迴轉世，並在每一世重現。靈魂光的記憶會發出電波，在與前世相同的時間、相同的部位，因為記憶被喚醒而受到刺激，接著引起生理反應，使穴道發生阻塞的現象，久而久之產生病痛。目前的醫學還不能了解這種無形的力量，當然無法改善因此引起的病痛。

靈魂光透過因緣和合，得到人身肉體，從古至今，人類至少也經歷過十來次的轉世，有的甚至比十世多更多，每一世受到的大小傷病各有千秋，假設一世種下十個大小不同的因，來世就多了十個輕重不同的因果病，時間一到就會一一發作。如果一個人歷經了十世輪迴轉世，到了今世，他的身上所累積的因果病，大大小小就有一百多個之多。這些因果病中，又以每一世死亡的原因最為嚴重，每一次發作，變成了今世肉體上極大的障礙或危難，也就是所謂的「劫」。

有些因果病還會影響今世的肉體，形成醫學上所謂的「先天性」病症。因果病發作之處的穴道受阻，必定會造成肉體疼痛或使行動不便，也更容易受到創傷或生病；穴道受阻還使氣徑循環不正常，造成其他不良影響與後果。

所以，累世的惡性循環，很可能在經過多世輪迴之後，使得最初的一點小毛病，轉變成致命的原因。例如，某一世心臟受到傷害，在轉世時，心臟會因穴道阻塞而不易獲得靈魂光能量的培養，生機能力比較差，心臟顯得衰弱。如此循環下去，極容易在某一世死於心臟病所引發的病變，到了今世，就會有先天性的心臟病。然後，又會因此發生血液循環不良，造成頭部血壓不足，其他器官也會受到影響，甚至另外引發其他病症。這些情形都極為惱人，卻又無計可施。

所以，當肉體有了病痛，千萬不可以掉以輕心，應該立刻給予適當的治療，尤其重要的是，平常就要注意養生保健。

因果造成的臟器先天疾病，醫學上只能以藥物控制，維持正常運作機能，情況如果太嚴重就要動手術割除，或以人造器官或器官移植來替換。四肢肌肉和關節上的毛病、莫名其妙的病痛、風濕性疼痛、神經痛等等，往往查不出病因，醫生也只能以藥物控制，無法根治。

外靈造成穴道阻塞的原因

第三種造成穴道阻塞的原因，就是因為外靈進入人體而引起，這一項必須說明得詳細一點。外靈（也可稱他靈）進入人體有四種原因：第一，是過度運用意識；第二，修持不當；第三，直接接觸竅門而進入體內；第四，習性業力及個人的冤親債主，這一點是最難處理的。

有情眾生是心識精神與物質身體互相作用，也是心理與生理的交互作用，我們必須維持身心平衡，常保心境安寧。中醫認為，喜、怒、憂、思、悲、恐、驚為七情，七情的起伏影響人體的五臟，任何一種情緒過度激烈，都會造成身心不協調，引發疾病。國外的醫學研究也指出，百分之七十六的疾病都是由情緒所引起。所以，善於養生者，大多會保持性情平和，每日靜心、靜坐，維持身心平衡的狀態。

情緒波動大多來自於煩惱妄想，也是過度專注於個人意識的結果。妄想、分別、執著，會破壞平穩的信念與覺知，加上外在熱寒冷風邪的影響，內憂外患雙面夾攻很容易生病。況且，在情緒不穩定時，過度的喜怒哀樂、悲歡離合、懼愛惡欲，都會使竅門敞開，發出電波頻率。此電波頻率將會吸引頻率相近的外靈接近，並通過竅門進入體內，吸附在他體內的磁場上。

如果未練過氣功、內功和靜坐，體內的真氣不會動，吸附在磁場上的他靈也無法動彈，只能放射電波刺激有因果病之處，造成穴道阻塞，使肉體慢慢發生病變。但如果外靈數目太多，總體能量過大，外靈就有足夠能量脫離磁場的吸附，占據因果病之處並啟發因果病。

第二個使外靈進入人體的，是修持不正當的法門。所謂的修持，包括祕法的修持、靜坐、冥想、各種心靈課程、在寺廟虔誠膜拜，以及在廟會時幫忙抬神轎等等。

靜坐，必須確實做到靜定的功力，而禪定的功力，必須與「大學之道」的「知止而後能定，定而後能靜，靜而後能安，安而後能慮，慮而後能得。」相符合，所以必須達到止、定、靜、安、慮、得。如果在靜坐時，思想意識不能平靜下來，內心的妄想、幻象、幻境很容易引來外靈。在這種情況下引進的外靈，有時候會幫助修持者打通氣徑、沖開竅門，而得到某竅門的神通能力。但是，有些引進內在的外靈，會影響此人的情緒、心性、思慮、意識，使人情緒變得暴躁易怒、膽小，心性變得偏私走邪，進而引進更多外靈，到最後傷害了肉體和心靈。

舉例來說，寺廟舉行慶典時，幫忙抬神轎的轎夫，常會因為過度虔誠膜拜和興奮，使竅門開啟，引進寄居在寺廟供奉的神像上的靈（相同頻率的靈），進入體內的外靈，會與這所廟中神像的靈發生感應，自此便有了所謂能和神靈「感應」的能力，而成為乩童。

一般信眾在寺廟或壇堂前過於虔誠的膜拜，有時也會使竅門開啟，而發生和乩童類似的靈動情形。

不過，一般通靈人和因靈修而有神通者（所謂的靈媒）與乩童的不同處，在於運用神通時的肢體動作與激烈程度。一般通靈人或靈媒在通靈時，或凝神傾聽、或閉目搖頭，有時會身體顫抖，甚至說出一些聽不懂的言語，不過多數都保持著某種程度的清醒。而乩童起乩時則是手舞足蹈，行為舉止異於常人、自殘軀體，甚至陷入解離狀態，因此許多人對於修持神通、成為乩身相當反感。

另一種是外靈直接接觸竅門。人體的竅門會因為接觸，而將別人體內的他靈電波直接導引入體內；或是已經進入體內的外靈，會在人過度運用意識時，引進相同頻率的其他外靈。無論是哪一種，最主要的原因還是因為意識的引進，例如依祕法修持時，內心渴望著得到神通。修持的過程就是意識行為，在以意識帶動氣運行的過程中，所看到的境相都是虛幻的，《金剛經》有云：「凡所有相，皆是虛妄。」因此禪宗說：「佛來佛斬，魔來魔斬，」一切歸空。若未能做到心神寧定，便容易引進外靈。

某些宗教有一種「灌頂」的儀式，某些修持則有點玄關的祕法，這些都要注意，因為主持儀式的人本身體內也有外靈及濁氣，當他的手按住別人的頭頂和背心，他體內的能量經由他的手傳進被接觸者體內，但是他灌進別人身體的能量電波，到底是正向能量或者是濁氣呢？你們是否可以判別呢？

由此看來，引進外靈的最大原因是由於人的意識，像是生氣、憤怒、仇恨、受到驚嚇或過度煩惱，這些都是佛家所說的虛妄、幻象，都是屬於意識的行為。如果一個人做事心安理得、心平氣和、心胸坦蕩、問心無愧、毫無畏懼，即使走夜路突然看見什麼，也不會緊張或受驚嚇。沒有過度起伏的七情六欲、不強烈渴望神通，竅門就不會輕易開啟，也絕不會引進外靈。

現代人常見的各種身心症，使人常常心情低潮，或是情緒緊張，一點小事就會生氣或是受到驚嚇，就容易將頻率相同的外靈引進體內。還有極度內向或自卑的人，平常不與人交往、不愛說話，有事悶在心裡，雖然嘴巴不說，內心卻對自己說了千言萬語，還很會胡思亂想，這樣也很容易使竅門開啟，引進負面的能量。

有些人，在勃然大怒、受到極度驚嚇、生了一場大病的時候，出現精神失常的狀況或是立刻死亡，像這種令人吃驚的變故，大部分都是外靈造成的。這種讓一個人死亡或整個毀掉的原因，都跟外靈有關，並且可分為兩種情況。一是進入體內的外靈過多，身體不堪負荷；二是外靈想離開這個身體。

第一種情況是，一個人因種種原因引進外靈，然後在一次大的刺激或重病下，或是因為氣憤或驚嚇等，又引進其他外靈，體內外靈不斷增加，能量超過此人的負荷，因此這些外靈逐漸掌控此人的頭腦意識，言行表現就會顯出異常了。

由此可知，要避免外靈進入體內，最基本就是要做到心平氣和、心胸開朗、身心平衡，遇到事情冷靜處理，不讓個人情緒左右了理智判斷，處世不偏不私就可以了。一個常保心情愉快的人，他本身的能量使外靈幾乎不可能進入。如果你的能量夠強，靈魂光能量更具足，即使外靈逮到空隙進入體內，也會被你的一股靈光所消化。

第二種情況，也是最重要的一點。外靈進入人體會吸附在磁場上，並放射出電波能量，刺激有因果病之處，使該處穴道形成阻塞，阻塞處會慢慢硬化而提早引發因果病。如果此人常運動、練氣功、靜坐或任何運氣的修練，會因氣的循環而沖開阻塞的穴道，病痛會減輕或因此消失。但同時，氣的循環也會鬆動吸附在磁場上的外靈，而隨著氣的運行，有些外靈會因此沖開啟發神通的竅門，這人的意識便會更加愛好修持，而修持所得的能量都會被外靈吸收，使其能量更大。不過，等到肉體老化，修行的狀況不如年輕時，體內的外靈會毀掉這個肉體，尋找其他更適合修行的寄託肉體，繼續借別人的肉體來修持、增加能量。

另一種例子是，引進體內的外靈數目太多，而此人又不修持，外靈逐漸占據各處穴道，並控制大腦與意識，於是其言行舉止與常人不同，而成為精神病患。這通常發生在體內的外靈和此人有因果關係。等到這個外靈想離開時，必定設法毀壞此肉體，使他的磁場失去的力量，外靈才得以離開這個肉體。

命運與因果

自有人類以來，因生活習慣、種族血統、語言、膚色與外型等種種因素，分成許多不同的種族，但彼此卻有許多相同之處，如孝順長輩、對上古傳說及鬼神的敬畏等等。雖然每個民族文化，對神鬼的敬畏或對祖先的感念，表達的方式有所不同，但心態卻是相同的。我們都相信，人活在世間時行善助人，死後可以升到天界享福或成仙成神；若作惡多端就得下地獄受刑。轉世投胎時，依其在世的功果，判其應投胎富貴人家或降生貧窮家庭，有的則投胎為畜生道，警告世人千萬莫作惡，更不要認為做壞事沒有人知道，人的一言一行，冥冥之中皆會對自己的未來造成影響，正如俗話所說：「種什麼因，就得什麼果。」

有些人死後，他的主要靈魂光在七七四十九天就會決定該受的果報，去六道輪迴。

主靈魂光絕對不會留在人間，只有意識魂、肉體生魂可能留在人間，未到地府報到，於是就成為一般道家所說的孤魂野鬼。漂流在人間的孤魂野鬼，大部分都是有執念冤仇或恩情未報，因此有許多鄉野奇談、靈異事件流傳著。人們基於畏懼和追思懷念的心理，發展出各種超度鬼魂的方式，有些希望能化解冤仇；有些是解開鬼魂的禁制，使其脫離困境得到較好的待遇，或是升到天堂成仙成神；還有的是以法術對付或除去鬼魂，使鬼魂不能作祟，擾人安寧。因為種種驅逐鬼魂的需求，各宗各派於是形成各種不同的超度法術與儀式。

在中國傳統文化裡，因為各地民情各有差異，而產生了不同的風俗習慣，但是各文化對於鬼魂的超度都有一樣的出發點：有的為了超度亡故的親人，避免鬼魂在陰間受苦；有些為了化解冤仇，消除生者心中的愧疚或排除干擾；有的是做善事的發心，普度在人間飄盪無依的孤魂野鬼。不論目的如何，主持超度法事的僧侶與法師，設下祭壇，依特定儀式誦經唸咒，或以其他法術超度鬼魂，來達到主人家的要求，使在世的活人求得心安。

有時候，超度的確有效，活著的人能夠平安、感到安心，但有時候根本不靈。於是人們又以各種方法去查問原因，得到的答案多半是和業障、因果、業力有關。

一般人認為，因果和一個人一生的所做所為有關，平時修身養性、誠心誠意禮佛、正心行善，死後，靈可以升天享福報，子孫也可以受到餘蔭庇護，享有富貴的果報。但有時，結果卻出乎意料之外，有些人積德行善，但後代子孫沒有得到好報應，甚至發生不測。有人說，是因為此人明處行善、暗中為惡，終究躲不過老天的明察；也有人說是此人前世為惡，業障太重，即使行善幾世也不足以洗清前愆，必須三世受苦，才能消除罪業；夫妻不和或子女不孝，也會被說是前世欠債今世還債；被朋友所害發生意外，會被解釋成前世業障今世還債，以今世的果來了其前世的因。

可是，這些都只是勸人行善的說法，沒有辦法證明，所以聽人談論因果報應，也只能姑且聽聽罷了。

如果人們因此對因果報應之說產生畏懼，而改過向善，的確能達到潛移默化的功效，可是現代社會進步快速，生活水平不斷提高，人們的物欲也越來越高，多數人的言行舉止都受到意識的支配，這類說法已經無法產生很大的效果。人們常常一時利益薰心、逞一時之快，明知不該做的事還違背良心去做，多數人事後會有悔意，但是為了達到目的不擇手段，幾次之後，慢慢的就養出這種習氣，漸漸也不再有愧疚感，最後就變成理所當然了。

於是，錯的也會被認為是對的，例如選舉買票、官商勾結、貪污收取不正當的錢財利益。或者是，得不到家庭溫暖的少女，怕寂寞而亂交朋友，朋友之中有人吸毒，在好奇心和認同感的驅使下，加上朋友別有用心的慫恿，嘗試過後就迷失了。雖然心中有點恐懼、有深深的罪惡感，但是毒品造成的幻覺與快感，掩蓋了良知；在沒有家人的關心和關愛下，她心中的愧疚會慢慢減輕，進而生出一種報復的心態，毒癮就一發不可收拾了。

走到這一步，管他什麼因果報應，什麼舉頭三尺有神明，早都忘光光了，旁人的勸說，反而被她嘲笑一番。本來的單純人生，因為尋求慰藉的「因」，演變成社會問題的「果」。等到報上常見的社會新聞發生在自己身上、人生毀了，後悔也太遲了。

現代社會中，這種事越來越多，如果要以因果論來勸人行善，效果是有限的。

到底「因果」是怎麼一回事？有沒有因果報應這回事？因果和人的命運、劫數、壽命有沒有關係？

因果報應是有的，是一個肯定的答案，也是一個事實。「因」就像在土壤裡種一顆種子，日後的行為會對所種下的因有所影響，就像日光的照射和灌溉的水一樣，使這顆種子生根、發芽、成長、開花，最後結出果實來。然而，所結的果實是否豐碩？要看這棵樹是否茂盛，要看它在成長的過程中是否勤勞灌溉，是否照顧周到，最重要的還要看種下去的那顆種子是否健全。如果種下一顆已遭蚊蟲叮咬破壞的壞籽，它很可能會直接在土壤中腐爛，無法發芽成長為樹；即使生根發芽，也很難長成一株茂盛的樹，更別想豐收果實。

以一般常識來看，種什麼因就該結什麼果，可是為什麼會有意外發生呢？有人說，這是上輩子沒積德或做了缺德事，這輩子應該招此報應。這是種認命的說法，其中有太多無奈和不滿，並且是一種消極的想法。實際上，人的一生中，命中注定只占三成，運勢起伏的影響占了七成，但是人的作為可以改變運勢的起伏。一般人認為命是注定的，所以一生的運也受先天命格的支配而起伏，就算能有所改變影響也不大，就像常聽人說的：「生死有命，富貴在天。」這是不正確的觀念，現代人該有「一切操之在我」的觀念，來因應這個瞬息萬變的時代。

既然人的運勢是自己可以左右的，成功和失敗就不應該歸於命運。這理論在命相學或八字命理上也有類似的說法，認為「變數」會改變命運，而所謂的變數，就像在A種樹上接上B種樹的枝，最後結的會是類似B的水果。造成不同品種結果的變數，就是接枝法，在命理上就是變數。再舉個現代的例子來說，不想生孩子的人以結紮手術來節育，結紮手術這個人為的因素就是一個變數。

以上是個人所為的變數對命運的改變和影響，另外有一種非個人力量所能左右的變數，也會改變人的命運，例如，公共意外、天災、火災、交通事故等等，遇上這類災難的人，並不是每個人都命不好、運不好，對某些人來說，是命中注定要遇上此劫，對某些人來說，則純粹是個意外變數。比方說，一輛巴士發生車禍，三十位乘客中，死亡人數五人、重傷十人、輕傷十人，這二十五個人的命與運就不是很好，或者有些人說這是因為做過什麼壞事，無論哪種說法，造成這起不幸意外的原因，可能是疲勞駕駛、司機疏忽或其他原因，但對受傷的乘客來講，都是不可抗拒的外來變數、飛來橫禍。也有人會說，不搭這班車就不會這麼倒楣了，但意外是無法預知、無法抗拒的。

還有一種比喻是，一個人的命運猶如一輛自行車，命好的是一輛新車，命不好的是一輛舊車。運氣好的，無論騎的是新車或舊車，都能暢通無阻的行駛在平坦的路上；運氣不好的，即使騎的是新車，遇到的總是顛簸的崎嶇道路，一不小心還會把新車弄壞；如果命不好運也不好，騎的是舊車，走的是高低不平的顛簸小道。

命與運都不好，那該怎麼辦呢？就這樣逆來順受，不順遂、無奈過一生嗎？不，俗語說得好：「條條大路通羅馬。」應該先停下來，冷靜的觀照自己，停下來分析自己的能力與所面對的問題，想辦法脫離這條高低不平的小道，重新選擇走上一條平坦大道。

所以，「命運可以由自己創造」這句話有道理也很科學。一個人相信他的命運好而不努力，只等著天上降下財富，這樣的人，就算真有好命，天上降下來的財富，也會被勤快的人先得到了。古老諺語說：「早起的鳥兒有蟲吃。」就是這個道理。

命理或命相學可以推算出一個人大概的命運，但此人本身的作為及變數，都會影響、改變此人的因緣，從而改變命。

有一個這樣的故事：從前有位林先生，生平沒做過壞事還常幫忙別人，他認為自己的一切都不錯，就是一直很貧窮，於是他準備了蔬果去祈求財神爺。財神爺查資料，發現林先生是大富大貴的命，年底之前會有一大筆財富降臨在他家中。林先生樂不可支，回家中什麼事也不做，天天守在家裡等財富降臨，後來還乾脆躺在床上等。這麼一等就是半年多，卻一點消息也沒有，林先生天天躺在床上，躺到身子都不舒服了，還是繼續等。一年過去了，還是沒有任何消息，林先生生氣了，想去找財神爺理論。沒想到一起床，就因為身子太虛以至於生了重病，沒幾天就一命嗚呼了。

林先生的陰魂到了地府，判官一查生死簿，發現林先生的陽壽應該還有十五年，而且在這十五年裡，應該享受人間的榮華富貴。林先生一聽勃然大怒，就控告財神爺背信、詐欺，還因此害他夭折。

閻羅王請來財神爺與林先生對質，財神爺一查資料簿，上面寫著林某某應得橫財黃金五萬兩，已交予城隍爺點收。閻羅王命牛頭馬面召來城隍爺，問這五萬兩黃金的去向。城隍爺回稟閻王，收到五萬兩黃金之後，一刻也沒有耽誤，立刻派當地的土地公送去給林某某。閻羅王又派人找來土地公，責問為何未將五萬兩黃金送到，以致害他死不瞑目。土地公稟告，領到五萬兩黃金之後，立刻把黃金送到林家，因為林先生天天躺在床上，所以將黃金放在他床下，他下床一彎腰就可以看見了，誰知道他連腰也不彎一下，那筆黃金現在還在他的床下呢！

雖然這只是個故事，可是裡面寓言著很多道理，它教人要勤勞、不可以迷信命運；命運可以改變，而且自己的作為影響最大，一切都掌握在自己手中。

因果、劫數，在人的一生中，隨著年歲的增長而發生。一般所說的因果，是指和別人發生的因緣，是屬於外在的；還有一種是內在的劫數，則是和每個人本身發生關係的。接著我們談談何謂劫數？劫數又是怎麼造成的？

每一個人的靈魂光所經歷過的輪迴都不同，但每一世的肉體都會因為生病、受傷和某種原因而死亡，這些都會記載在靈魂光之中，另外，人與人之間的因果業力，也會記載在靈魂光中，繼而累世牽引直到今世仍不止息。人在每一世所受過的傷、病、因果，都會在今世相同的時間、相同的部位發作，而成為今世肉體的因果病。凡是醫院無法檢查出來的病因、病情，或是看起來根本沒有病的疑難雜症，都是因果病，以目前的醫療方法，因果病要對應到肉體生理的病，只能對應至假病。

筆者這五年間，在台北、台中與國外等地，舉辦數百場天醫光啟轉化祕法，從數百位學員身上一一去印證、實證。由觀音菩薩法界傳達下來的這個神聖法門，效果果然驚人，真是不可思議的力量，連我自己都驚訝萬分。在這個時空背景下，藉由天醫光啟轉化祕法教育眾生善緣，受益者不計其數，人類得到以往靈修界所未有的突破，解開許多過往不解的謎團。這個神聖的法門帶給人類無窮盡的利益及幫助，幫助人們清除、洗滌個人的因果業力，自我療癒身心的疾病，真是全人類之福。

接下來我舉一位林先生所經歷的轉世，以及每一世發生的事件，來解釋因果劫數和命運之間的關係。

林先生今世已經輪迴投胎了七世，他來到人間的第一世是做一個男人，生在富貴人家，生活優裕不事勞務，六十歲死於中風。

第二世死於心臟病。第三世時，三十歲和人打架被人砍死，死因是刀刺到心臟而死。第四世轉世為一隻花豹，七歲時死於獵人的陷阱。第五世投胎為女人，體弱多病，有先天性心臟病，五十歲死於肺病。第六世投胎為男人，有先天性心臟病、有肺部及呼吸道疾病，體弱多病但行善積德，活到七十歲死於心臟病。今世第七世，再度投胎為男人，家庭環境不錯，但有先天性心臟病、呼吸器官毛病及胃病。

我們將他的生命倒帶，回溯他的第一世，他在六十歲時死於中風，但他一生中身體共受傷二十次，二十五歲右手臂骨折斷裂，四十五歲騎馬打仗背部受傷嚴重，其他則是輕傷。在他第一世時，靈魂光能量以修持的次第功德福報，是天人的福報，因此降臨在富貴人家，當他投胎為人的時候，靈魂光的能量再度減少，代表他在削減福報。

第二世轉世投胎時，靈光的能量算高，福報夠智慧也高，但由於前一世死於中風，因此這一世有頭痛的毛病，心臟也不太健康，不能太勞累。因他前一世在二十五歲的時候右手臂曾經骨折，造成了第二世右手臂的穴道阻塞，右手臂常感覺麻痺、痠痛，工作太累時右手臂就比較疼痛，這就是因果病。第二世到二十五歲，右手臂又因為意外受了傷，四十五歲時，前世的背部創傷使他容易腰痠背痛，再加上心臟不好、頭痛這些因果病，因此身體顯得虛弱，不能太過勞累。六十歲時死於心臟病。

林先生第二世死的時候，靈魂光的記憶及能量越來越低，沒有增加福德，反得造更多業力削減福報，所以第三世轉世投胎在一戶有錢人家，從小受寵愛，養成他的狂傲無禮。由於自小身體虛弱，家中溺愛不曾讓他勞動，養成他不務正業，結交損友，鎮日吃喝玩樂。二十五歲和人打架右手臂受傷。好逸惡勞的個性讓他的心思沒用在正途，太執著於個人享樂，徒然消耗靈魂光的能量，與損友作惡多端，造了更多因果業力，三十歲和人發生衝突，被一刀刺入心臟而死。

到此時，他靈魂光的記載及靈魂光的能量就更低了，因為種惡因得惡果，所以轉世投胎畜生道成為一隻花豹。花豹每日不是獵物就是睡覺，七歲的時候被獵人所殺。

前世種的因，來世受果報。由於花豹在畜生道，為動物之王，死亡之後，剛好有足夠投胎為人的能量，透過因緣和合，果報成熟轉為人道，第五世時，投胎轉世為一個女人。她小時候就體弱多病，七歲那年差點死於意外。慢慢的長大成人，結婚生子，生活平淡，二十五歲碰傷右手臂（因果病），三十歲時生了一場重病（因果病）後得了心臟病，頭部時常疼痛（因果病）。四十歲時開始腰痠背痛（因果病），她自己認為這些毛病都跟坐月子沒有調理好有關。她每日忍受腰痠背痛、頭痛、不健康的心臟，後來又引發肺部疾病，在五十四歲時死於肺病。

在她為女人的這一世，誠心禮佛、拜佛，時時刻刻行善助人，待人處事祥和，處處與人結善緣，脾氣又好，修身養性的工夫做得很好。因此在她死時，靈魂光的記載及能量（也就是靈魂真氣）已恢復到更高的能量，所以第六世轉世降生在較富裕的家庭。第六世，幼年時就受到較好的照顧，但自小身體就比較虛弱，時常覺得右手臂疼痛，胸口也時常有沉悶的感覺，一勞動就容易疲勞。他也常腰痠背痛、容易傷風咳嗽、有氣喘毛病、睡眠不足就會頭痛，不過，因為家庭富裕，身體保養得很好，活到八十歲才離開人間。

到了今世，我們經由天眼透視，查出林先生的壽數為八十歲，是在他所歷經的轉世中壽命最長的一世。他的過去世，死亡的年齡分別為七歲、三十歲、五十歲、六十歲、七十歲，這些歲數同時也都是他這一生中的劫數。而每世的死亡原因，則為此世各場劫數的主要原因，同時也會成為今世最嚴重的因果病。

每一世的死亡原因等於是一個病根，會對肉體造成極大的傷害，若不將它完全化解、消除，會隨著靈魂光能量的啟動，繼續引動到未來的每次一轉世。而且，肉體上的創傷也會影響今世的肉體，變成此世無法治癒的因果病。如果能心平氣和，好好修身養性，一一渡過每一次劫難，就可以活到八十歲以上。

每一世肉體的傷病，靈魂光都會記憶著，帶到今世再傳給大腦，大腦的意識會顯現所有記憶，發出電波傳到過去世曾受過創傷的部位，造成穴道阻塞，使肉體發生疼痛。因果病的發作都比較溫和，只是身某部位會隱隱作痛，或是風濕性的疼痛、神經痛等等，有些較嚴重的會造成先天性的缺陷，如軟骨症、癡呆症、先天性心臟病等。

這類先天性缺憾的因果病，也跟你的因緣福報、善惡功果有很大的關係。

人在生氣、受驚嚇或是恐懼害怕的時候，都較容易引進外靈，若引進體內的外靈太多，也會啟動因果病的發作，尤其是前世死亡原因所造成的因果病，往往會因外靈的電波刺激，使人發生嚴重的病症或意外而應了劫，嚴重的話會使肉體遭受重傷或因此喪命。

在天醫光啟轉化祕法的課程中，有一位很特殊的學員李小姐，她告訴我說，她已經很久沒有入睡，身心的疲累讓她非常難過，常常有自殺的念頭，尤其是一到半夜，身體就開始顫抖，頸部以下都感覺痠痛，腰部的痠痛更讓她受不了。長期下來，現在一定要依靠安眠藥與止痛藥，才能安穩入睡。每次上醫院尋求治療，醫生都告訴她沒有病，純粹因為壓力過大，要她學習放鬆等等。她多次透過高科技儀器檢查，也查不出個所以然來。

這次有因緣報名來上課，李小姐把這十年的種種情況告訴我，我說：「妳的問題不用我接個案，只要妳有信心來上天醫光啟轉化祕法的課程，就可以解決很多問題及疑難雜症。」那天，她準備好來上課，卻陰錯陽差，出現很多阻礙、發生很多問題，使她無法順利來上課。雖然第一次無法成行，可是她心中很明確，無論如何一定要來上天醫光啟轉化祕法。身為瑜伽老師的她，排除萬難，請了一位代課老師，終於趕上課程。

在上課的過程當中，我連結宇宙的能量及脈動，點化她內在靈魂之光，啟動了靈魂真氣，加上我個人的修為及連結到觀音菩薩法界的能量，我將雙手放在她的心輪上，於是她開始脈動了。我用天眼的透視力，查看她的內在生命，她體內隱藏的外靈，是一條千萬年的蛇精，進入她體內有七年之久。造成這樣情形的原因，是她修持不當所造成，加上她自我意識太重、心神不定，以及她的上師的錯誤引導，而引進外靈進入她的體內。她平常靜坐時就會靈動，但她不知靈動是不好的，是可以轉化的，加上她沒有靜定的功力，而且帶領她的人，不但沒有經驗且修為見地與次第都沒有，才會造成這樣的後果。

透過那一次天醫光啟轉化祕法的課程，之後針對她內在那一條千萬年蛇靈，慢慢的軟化它、了解它的因緣，將它從心輪中的中心磁場釋放出來，再度化這一條千萬年蛇靈到觀音菩薩法界的寄託處。在這一段與千萬年蛇靈纏鬥的過程，其他學員都看得目瞪口呆。這段過程精采萬分，辛苦但終於完成使命，圓滿落幕。自從那一次處理完後，李小姐再也沒有復發，終於可以安枕無憂的睡覺，身體的病痛改善了，完全恢復健康的身體。

由於人們過度動用意識而引進外靈，尤其在七情六欲升起、情緒最不穩定時最容易。被引進體內的外靈，也和此人存有某種的因果，才會乘機進入人體，然後在此人體內慢慢培養、壯大，等待時機開發因果。

這幾年來，透過天醫光啟轉化祕法及不可思議的力量，改變了很多學員各種不同的症狀，也解決了他們的疾病與問題。身體疾病方面的，例如：癌症、心臟病、中風、頭痛、偏頭痛、失眠等等；有些人則因修習天醫光啟轉化祕法呼吸法，解決或改善了許多困境，例如：精神失常、憂鬱症、受虐／心靈的創傷、焦慮及恐懼，特殊事件的情緒獲得解脫；在情緒、感情方面，例如，處理各種情緒的能力、改善家庭的關係、享受幸福和平的感受，改變自己的習性業力與行為。

能看到這麼多學員改變了自己的生命，轉化他們內在並獲得在自在、解脫，真的很高興。以下故事是分享學員轉變的過程：

有位女學員有自殺的傾向，有精神方面的問題，她嘗試自殺時，因為發現得早而獲救。但她仍舊精神情緒不穩定，不是吃太多安眠藥就是想跳樓自殺，但是她的意識還很清楚的在抵制身體的作為。每次內心交戰抗衡，內在就湧現一股想自殺的衝動，有一次是服用過量安眠藥送醫急救，清醒過來以後，反而生氣家人為什麼要救她。

其實她對於自己尋死的舉動，也感覺不太對勁。她跟去探望她的朋友提起她的想法，她的朋友也跟她分享了天醫光啟轉化祕法的課程，不久後，因緣和合，就來道場修習了。

修法的過程中，經由筆者以天眼查出，這個學員體內有一條外靈，這外靈和這學員有很種要的因果關係，是她前一世的冤親債主。多世前，這外靈投胎為大黑熊，而這個學員是一個獵戶，他在山裡先開槍打了大黑熊，再以繩子緊緊勒住大黑熊的頸部，將牠活活勒死後，將身體重要部位挖出來吃。

大熊死後轉世為男人，被人陷害因而上吊自殺。之後又轉世再為男人，卻被人殺傷頸部而死。這條外靈轉世投胎的肉體，在頸部都有很重要的因果，而且每一世的死因都跟頸部有關。它這一世的意識魂未到地府報到，只好在人間漂蕩著尋找仇人報仇，但是這一世的仇人沒找到，上一世仇人也找不到，就找了一個造成它頸部受傷而死的替死鬼，也就是這位學員。

機緣是，這位學員有一次到遊樂場玩鬼屋遊戲，那條外靈利用她驚聲尖叫時進入，就待在她體內的磁場自我培養，並且影響她的意識。漸漸的，這位學員的個性變得異常孤僻、不合群且易怒，每次一生氣憤怒，又引進了別的外靈，體內的外靈外能量越來越大，超過人的大腦意識所能掌控，等於整個人都受到外靈的控制，難怪會行為舉止怪異、產生精神疾病。

在她精神失常的這段時間裡，頸部非常不舒服，晚上常坐在床邊發呆，夜不成眠。此時，便是這隻大黑熊靈開始了它的復仇計畫，它要毀掉這個居住的肉體，才能再去找其他人報仇。

她來修天醫光啟轉化祕法時，我啟動能量，點化她的玄關、調整她的磁場，透過連結與溝通，引動宇宙能量加上我本身的能量，將此外靈逼出來，並將它超度到觀音菩薩法界的寄託處，才了結了這一段因緣。

這種情況，就是典型的外在因果所造成內在因果啟發。進入人體的外靈影響人的思想情緒，使人的脾氣變得暴躁、易怒或是有不好的念頭，進而做出不合理的事，遇到此人劫數來臨時，各種反常的行為就應了劫數，可能是使此人受傷、身敗名裂甚至家破人亡。

這也是為何各宗教的勸世論，尤其佛教五戒的教法會來到人間。五戒防五惡，一殺生，二偷盜，三邪淫、四妄語、五飲酒；此五惡乃是佛教的基本修持要素，故以五戒教法自我約束，更能現化自己的約束力量，確有它的道理存在，以現代人的觀點來看，做事要講效率，凡事要證明，不能只說些空談的道理。所以修行和靈修這條路也不能墨守成規，按照以前古法修行的話，應該要有所改進，俾能符合現代社會的標準，以因應現代人的需求，更重要的是必須要有效才行。

「慳貪忌妒，自贊毀他」的果報

佛家說「慳貪忌妒，自贊毀他」的眾生，會墮落到三惡道中、會下地獄、會變成畜、變成鬼。三惡道的眾生中，慳貪忌妒，自贊毀他的眾生特別多，鬼道中慳貪忌妒更厲害，所以我們經常聽到罵人的話說：「你這個傢伙怎麼了？撞到鬼了嗎？」那個鬼跟人有什麼相干呢？那是因為我們習氣業力上的忌妒，所以會在三惡道中，無量千歲地受極大的苦楚。

我們先不說「慳貪忌妒，自贊毀他」的人，死了以後會墮落地獄餓鬼、畜生道中受苦受罪，我們只要想一想，在現實人生中，當心中出現慳貪忌妒的當下，就已經非常煩躁難眠，猶如下地獄一般痛苦。當一個人每天總想辦法要去整人害人、挑撥是非、胡搞瞎搞，此人心裡就已經顯現如同在鬼道、畜生道中的樣子和性情了。姑且不論身後的果報，一個人一旦有這種害人的心理，是一望而知的。

現代心理學和醫學結合的研究顯示，人的心理有重大改變時，血液細胞立刻跟著變化，如果在一個人大發脾氣的當下抽血來檢驗，血液都會變成毒素。所以，修行的人不殺生、不吃葷，因為任何生物被殺的時候，都會起瞋恨心，血液就會含有毒素，吃多了會中毒。

人心裡如果有壞的心思，久了以後，神經細胞也會跟著起變化，只不過自己並不知道。心理影響生理，身心一體互相牽制影響，這都是已經證實的研究結果。

讓我來總結一下，什麼是果報呢？其實就是中國文化講的四個字：「天道好還」。「還」也就是「回轉回來」，你怎麼付出就怎麼收回來，不但回來，還是連本帶利一起回來。《易經》泰卦第三爻的爻辭這樣說：「無平不陂，無往不復。」意思是，一條平路走久了一定會有起伏，也沒有永遠向前走而不迴轉的路，因為地球是圓的。所以，因果的道理是什麼呢？因果也可以說是宇宙地球的物理法則。

到了太空就知道這個原理，例如，把一隻手錶扔出去，它自然飄浮一圈又回到原點，但人在地球上丟手錶，手錶會落在地上，是因為地心引力的關係。而果報就是旋轉、輪迴的道理，當你起了「慳貪忌妒，自贊毀他」的心念，給人家心裡難受、給人家痛苦，你自己也開始了變牛、變馬被鞭策的痛苦果報了。因果報應是誰做主？不是其他任何人在操控、做主，都是你自己造的業、種的因，這叫自作自受。

關於輪迴轉世

關於輪迴轉世之說，在東、西方國家已有為數不少的實證案例。作者算是從小生長於半個佛教家庭，親叔公是卸任的世界佛教總會總幹事。在我很小的時候，就常常問長輩以及一些出家師父許多問題，例如：「人死了以後去哪裡了？」「如果人死後會去投胎轉世，那我們拜拜跟超度是在拜誰？拜什麼？超度誰與超度什麼？」「超度是把他們超度去哪裡呢？」「為什麼今年超度了，明年還要超度？為什麼之後每一年都要繼續超度？」但是，我的這些疑問從來沒得到明確的答案。

對於我在二十多歲時遭遇車禍，因此對人類生命以及「靈魂」有了更深入的認知，這一段經歷，在我的前一本書《天醫點化》中，已經有詳細的描述。那一年發生的車禍，讓我體驗了「瀕臨死亡」以及「靈魂出竅」，當我醒過來之後，我的身體發生了很奇妙的變化。至於是什麼樣奇妙的變化，先讓我賣個關子，留待讀者你們親自來驗證及體驗。

那次車禍以及之後的經歷，讓我對「靈魂的永生不滅」深信不疑，而且產生了更強大的求知欲望。經過我多年的臨床實證，並靠著我自身的修持及證悟，終於獲得大部份的解答。這是我的功課也是「願」力，不過「信者恆信，不信者恆不信」，這一切端看你的因緣。

關於「靈魂的永生不滅」以及「輪迴轉世」，讓我舉幾個真實案例：

案例一：

在中國湖南省懷化市通道縣坪陽鄉的侗族（再生人），侗族共有七千多個族人，在這七千多人當中，就有一百一十多人，是所謂的「死亡後，沒喝下孟婆湯就投胎轉世」的。

在這一百一十多人中，經過相關研究單位多次的採訪證實，他們都能夠確實的描述出前世的相關人、事、物以及語言等等的記憶，有的人甚至與前世的親人，於投胎

後的此世相認。例如這樣的案例有很多，經過這些證實過的種種案例，更印證了我對生命與靈魂詮釋。（相關資訊可至網路媒體查證）

案例二：

美國的馬里奧博士應用催眠的方式，證實了前世與今世的相關連結，確實的案例不勝枚舉，在此僅舉其中一個案例為佐證。

一位三十多歲的胖子（既然稱他為胖子，就知道他很會吃）他不只會吃，還很怕寂寞，總喜歡呼朋引伴，相偕歡樂。馬里奧博士為他催眠後，發現這胖子前世是一隻海豚。當時牠與牠家人、朋友等一群海豚，一起在圍捕一大群沙丁魚，在他們正準備大快朵頤時，一隻巨大的殺人鯨張著血盆大口向他們衝過來。牠幸運的逃過了一劫，但牠的家人和朋友們卻沒有這麼好運，全部都成為殺人鯨的佳餚美食。落荒而逃的牠，餓著肚子，獨自在大海中，慌張、游移、躲避。

過去世海豚逃難的創傷記憶，延續到這一世，所以胖子這輩子特別怕挨餓，而且隨時都要呼朋引伴，非常害怕寂寞。這是前世為動物，而此世轉世為人的輪迴轉世案

例。（相關資訊可至網路媒體查證）

案例三：

在美國，有一對夫妻認為他們的獨生子，是二次世界大戰殉職美軍飛行員投胎轉世。讓人驚嘆的是，這個小男孩不但對戰鬥機瞭若指掌，他還認得一九四五年一起參戰的同袍。這個輪迴轉世的故事，在媒體上公開時，也震驚了全美國。

當時，這小男孩幾乎每晚都夢到空戰的慘烈情境，常常半夜被這些驚心動魄的畫面給嚇醒；在這天真的童年階段，他所畫的畫，也都是戰爭、血腥與灰暗。小男孩的父母親決定，要去找出小男孩所講的，有關他前世的所有相關資料。

小男孩的父母經過一番努力，終於找到相關資料，並且證實了小男孩所說的一切，真實不虛，包括空戰飛機失事的地點。最後，透過相關人士的協助，他們在接近日本海域找到飛機失事的確實地點。小男孩在父母陪同下，將花束投入海中，敬獻給戰亡的同袍，小男孩在緬懷故人時，如同歷經了當時的悲慘經歷一般，嚎啕大哭。悲痛之後，感動的心情湧上，像是圓滿了悲傷的靈魂。

經過這一趟祭悼之旅後，小男孩的畫作竟由戰爭、血腥、灰暗，變成美麗的大自然、花草樹木以及可愛動物，而且他不再半夜作惡夢，恢復同年齡兒童該有的天真無邪模樣。（相關資訊可至網路媒體查證）

在以上所舉的案例後，我更想與讀者大眾分享的是：當我們知道靈魂是永續、永生的，那麼我們是否更應該了解生命的意義與珍惜生命，並活出生命的價值！

孔子說：「未知生，焉知死。」過去，我對生命的意義領悟還不深，對這一句話的詮釋是：「要活出生的意義，而不去管死的那些事。」但是在我經歷了瀕死經驗之後，慢慢有了更進一步的體會，我認為這句話是告訴我們：「人要活在當下，更要好好把握生命中的每一刻，不去追問過去，不要妄想未來，只需把握當下。」

現代人在面對生死問題時，多數人看待宗教有不少矛盾，一方面，想從宗教信仰中得到利益，但一方面又不相信佛家所講的因果（這是以作者所修持的佛法為例）。會產生這種矛盾，大多是被過度的理性與邏輯給框住、障礙住了，所以任何宗教信仰都進不去。

「生，死」是生命無常之理，生是死的開端，死是生的延續。生生死死，生死不已。生命緣起法則，相續來生無限光明美好，這是可於今生創造的。生死亦是無盡的，一期一期，一世一世不斷展開呈現，無限延續下去。大多數人認為，人死就像油燈滅了、燈油沒了。但是，其實人的靈（意）識實非如此。

我們享受每天的生命，同時也在耗損生命，生命也會有熄滅之日，生命的流逝，是金錢、權力、知識等，世間所有一切都無法抵擋的。世人都認為，生從母胎孕化而出，死亡則往墳墓而去，這是只知道肉體的結束，而不知道靈識（魂）其實是永生不滅的。當人面對無常時，總是悲傷、消極且沮喪，卻不知道，無常的背後，隱藏了來生無限的希望。

生命歷程也可以形容為太陽的日出、日正當中與日落，都是隨著時間的消逝而變化。人類一生的過程，一定要面對生、老、病、死。出生後，接著要面對老、病、死，雖然無奈卻也最公平。無論是擁有錢與權的巨賈、高官或名門，或者只是販夫走卒、市井小民，人人都要平等的接受生、老、病、死的生命過程。所以，當我們知道這是生命不變的運作法則後，也應該明瞭，這是人生中最值得，也是最該學習的課題。

人類生命的開端源起（靈識）緣的父母親，投胎過程是（靈識）不滅的主人（因），在因緣具足時，靈識見有因緣之父母愛欲交媾，起憎想愛念，而投於父精母卵，這（三合）因緣而成新生命。

英國科學家約翰・艾克理爵士發現了眾生靈識（魂）不滅，他在論文中提出：「神經細胞彼此之間有無形的溝通物質，這就是靈識的構成。」而這非物質識力智慧（靈識），對物質構成的人體大腦及身體等，施予實質的動作，然而，大腦死亡後，靈識依然有生命活動的形態，而且永生不滅。跟據以上的科學論述，輪迴轉世之後前世記憶仍留存，不但說得通也更令人確信了。

佛家有言：「生住異滅，成住壞空。」當人們知道，生、老、病、死是生命的自然法則與節律，對於佛法中所說的這句話，是不是更有感悟，人生，何需執著呢？是以，慈言勸世人，當以慈、悲、喜、捨，持心持行，以坦然自在的心情去接受人生，事事樂觀進取，不畏懼老、病、死，人生當會愉悅豐盛，精采圓滿。

第三章

靈性光能量療癒

我們對於各種不同的能量形式都非常熟悉，像磁鐵、磁力、電力，以及來自於太陽的光和熱。另有一種常見的能量形式，就是電磁能，那是當電流通過線圈時所產生的磁力場。

治療能量可以用生物電磁能來描述，因為它帶有電負電荷，具有磁力，而且是經由人體自然產生出來的能量，有些人能透過肉眼直接看出能量的顏色，有些人能聽見能量，有些人則可以透視能量，而且幾乎每個人都有能力來感覺能量。

至今，科學界還未能完全了解這些能量的形式，科學家們在各自截然不同的假設之下，以粒子波動來描述光的運動方式，即使建立了許多不同的假設與實驗，他們仍然無法解釋，為什麼光反應的方式會是如此。

有史以來，治療的能量在所有的文化中，都被相當普及的應用，同樣的，人類也未能完全了解治療能量的原理。過去的歷史與當代成功的案例，都告訴我們這能量是真實存在，應用的結果也明白顯現它的效益。不過，在傳統醫學領域裡，能量療法的益處被打了折扣，甚至壓抑了它的發展。科學界與醫學界始終不肯接納能量治療，也不肯接受能量治療功效的挑戰，更別提鼓勵別人來探索能量的奧祕了。

能量無處不在，無論我們身在何處，它都在我們四周。一個對能量感應敏銳的人，進入一個空間時，就能感應到這間房間裡的能量，是正面的或者是負面的，是快樂的或是悲傷的。

靈性光治療的能量就像流動的水，如果受試者是開放的接受，能量將會很容易的流到他們身上，如果他們心中有抗拒和恐懼，那麼能量將會受到限制或者能量的流量將會減低。

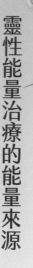

靈性能量治療的能量來源

一般能量的來源有三種明確的分類，第一類是個人的能量，是由人體所產生的能量，又稱為「氣」；第二類為心靈的能量，這是將焦點集中在心靈力量的能力，是透過思想來引導能量集中；第三類稱為靈性的神性能量或者稱為神祕的能量，要應用這靈性的神性能量，必須要以所有天地聖靈諸神佛菩薩以及個人的願力，當發願的力量以及祈禱的力量一同運作，人才能超越自己。

對那些已經發展出心靈能力的人來說，當它要進行能量療法時，他一定需要要超越個人的力量的幫助，因此會請求諸神佛菩薩的幫助。如果不懂得連結宇宙中的強大能量，只運用個人的能量來為他人做治療，不但能量有限，會限縮治療的結果，而且，在運用個人的心靈能量時，個人的能量將會流失與耗盡。舉例來說，當你做了大量的能量治療工作，如果你只運用個人以及心靈的力量，而沒有請求靈性力量來協助，你完成工作之後會感到極度疲憊，因能量耗盡而感到虛脫一般。或者，因為受助者本身的負能量回流到你身上，你會變得很激動或者出現頭痛等等症狀，這種情形，在你強烈集中精神與焦點時，特別容易發生。

其實當你在運用靈性能量的時候，你是可以請求並得到宇宙無限能量的協助。當你請求，你個人將會達到一個高速震盪的層面，來自宇宙與佛菩薩的能量，將能讓你在治療過程當中，創造出非常強大的能量，供應你運用。靈性的治療，都是在佛菩薩的指引和協助的連結下完成的，也就是說，當你能允許自己和能量的正面力量一同合作，讓宇宙間的能量自然的透過你，一起完成這一場超乎尋常、非你所能相信的治療。

治療能量是如何轉化的

治療能量的轉化有多種不同的方法，其中，透過筆者的雙手是最佳的方式，因為這是接受能量的學員可以看到的工具，大多數接受能量治療者都能接受。這五年來，我持續運用這個能量進行治療，這期間能量又以各種令人驚異的方式再轉化，跟我當初的預期以及以往所體驗到的方式截然不同，對我是一種具有挑戰性的經驗。

我在千手觀音道場進行的每一場能量治療，在場的所有人都能感受到這一股能量，我也藉由這些學員回饋的體悟，讓我更有信心繼續人間法教法傳，在整個治療過程中帶給學員正面力量、鼓勵與信心，對我來說是最好的繼續動力。當我接受菩薩愛的能量之後，我變得更能接受自己的一切，也更愛自己，然後我發現我能將這股能量融入更深層的愛的層面裡，並協助學員們學習如何愛自己、接受自己。每次課程之後的發展，都讓所有的人事物變得更慈悲且更偉大。

治療能量發生在很多層面，方法也很多種，轉化能量的方式也總有意想不到的成果。每次的治療都讓我體驗到我的內在，也引發我內在的覺醒與覺悟，對學員們來說也是相同的，透過能量的療癒，他們內心的能量都在改變，靈性也在改變。在這樣不斷地提升能量的過程中，內心將會越來越堅強，理解自我擁有這種力量，就可以改變其他人，幫助其他人一起從一種全新的角度，來看待並賦予自我與世界一種全新的意義。在療癒別人的同時，我們也透過這股能量治療自己，彼此都能真實的感受到治療能量的流動。

接受並給出能量是一種天賦，也是可以經由修持得到這種能力，就像我，我能很輕易的接收宇宙上天菩薩的治療能量，接受我點化的學員也立刻就可以看見治療的結果。這五年，我看到學員們的改變，一個一個真實的發生在眼前，他人的改變也是我成長的一大步。經過這幾年的學習，我們理解了一個真理，那就是當治療師或被治療者，一起在心中想像、祈求一個改變，那改變就會真的發生，這種力量因為共振而大大的提高。若是有因緣的雙方，能一同參與治療並且觀想發生正面結果，這種潛能將會以相乘的方式放大。筆者成功改變學員的潛質，改善學員的身心靈健康，使他們整體生命得到轉化與蛻變，這都是在我的千手觀音道場屢次見證的事件。

人體的中脈，七輪能量中心

第一個脈輪——海底輪

海底輪脈輪的能量中心大約在脊椎骨尾端，一般又稱為「仙骨」，它的位置也是拙火靈性能量的所在，相應於坐骨神經叢。此脈輪代表的生命力和活力，是代表基本生存欲望的脈輪。此脈輪往下延伸到雙腳，如同樹幹的根部向下延伸進入大地，穩固的海底輪，象徵對物質世界的生機與活力，具有積極實踐目標的行動力，例如在逆境求生存的意識就與海底輪有關。海底輪它也帶給我們安全感及穩定感，因此，海底輪不乾淨或堵塞時，性格上會顯現自私自利、自我中心，不懂得替別人著想，內在的恐懼會讓人轉為向外尋求感官滿足，造成一種及時行樂的生存態度。

第二個脈輪——臍輪

又稱為性輪和生殖輪，位於恥骨上方到肚臍之間的位置，對應於主動脈神經叢。這個脈輪代表樂觀、自信、熱忱與勇氣等人格特質，也代表享受性慾的能力，呈現對親密關係的渴望，例如個人與配偶的關係、個人與家庭的關係、社會性人際關係等，各種人際連結的能力。

臍輪附近的器官主要是排泄系統和生殖泌尿系統，與腎上腺及荷爾蒙分泌有關。臍輪和情緒能量有密切關係，一個人轉化正面、負面情緒的能力，自我清除負能量的能力都與此脈輪有關。當一個人的臍輪失調的時候，就容易出現情緒不穩、猜疑心重、對外界產生不信任感、性與愛混淆不清的狀況，性格上常出現各種猜疑、恐懼、怨天尤人、好議論、莫名的憤怒、沮喪的表徵，在性慾的表現上則不是性慾過旺，就是性能力不足，甚至不孕症都屬之。一些常見的無法自制的行為，例如煙癮、酒癮、藥物使用過度、購物狂、狂吃等等也都跟臍輪有關。

第三個脈輪——太陽輪

太陽輪位置在肚臍上方至胸骨下方的橫隔膜上，對應於太陽神經叢。這個脈輪是人體的能量場，是個人力量的中樞，象徵付諸行動的能力、危機處理的能力以及自我約束的能力，太陽輪失調會影響它周邊的器官，使肝、膽、脾、胰等臟器能力減弱，人體的營養吸收與儲存、消化、排毒等出現問題。性格上，一方面會自我膨脹、自視過高，一方面又自尊低落、缺乏自信、對自我產生無價值感、對事物產生無力感。自我分裂成兩個極端，分別意識太強，優越感與卑劣感同時存在卻彼此拉扯，尤其是曾經擁有輝煌過去的人，在低落的情緒下又極度重視外在與面子，常會陷入過去的記憶，也容易困在童年遭遇過的創傷中。

第四個脈輪——心輪

心輪在接近心臟的位置，它周圍胸腺相應的心臟神經叢，是全身脈輪系統的軸心，更是感情力量的中心。透過心輪，我們分享親密關係，心輪開放的人很容易開心，也喜歡結交朋友、樂於與人分享、受人歡迎。

心輪也是人際關係之輪，代表的是親密關係的維繫、具堅定的信念與信任，最大的力量就是無私的愛、原諒、奉獻，具有廣博的愛人胸懷、擁有寬宏大量的氣慨。淨化的心輪，擁有不須外求、自發的快樂，常有發自內心的喜悅，時時都歡喜自在，有夢想但築夢踏實。

心輪與愛人的能力有關，當心輪受阻礙，就無法與人建立親密關係，無法自在的感受分享的樂趣。在愛情中，會下意識的與交往的對象保持距離以保護自己，對人小氣、自私自利、背叛、排擠他人，悲傷、怨恨、疑心病，喜歡凌辱他人的身心，討厭別人也被人討厭。

第五個脈輪——喉輪

喉輪的位置大約在喉嚨的後方，相應於頸部神經叢，是開啟靈性意識與內在之光的能力，也是心靈力量的中樞。喉輪代表真實的洞悉自我和正知正見，擁有赤子之心、勇於表現內在感受，有良好的思辨能力、領導能力和創造能力。

喉輪與一個人的表達意願有關，當喉輪受到阻塞時，可能出現妄念、空想、批判、得意、中傷、背叛等性格特質，睡眠失調與憂鬱症狀也是喉輪失調的病徵，也可直接聯想到表達能力的缺陷。喉輪失調通常也表示思緒控制失靈，產生邊緣人格、憂鬱症、恐慌症或幻覺等精神官能症。

第六個脈輪——眉心輪

眉心輪位於前額中央後方的腦部，鄰近的是腦下垂體，主管腦下垂體的分泌與神經系統，和眼睛、耳朵、鼻子的基本能力有關，代表的是理性與感性、智慧與真理等大腦思考的整合能力。眉心輪具有的是遠景、非妄想的能力，有直覺力、洞察力和自我實現的能力。眉心輪能量中心是第三條主要氣脈匯集處，一般稱為第三隻眼，可將視野提升到高次元層次，增加對宇宙能量的敏感度以及覺知能力的提升，能開啟天眼通、透視眼，而開發出預知未來的能力。在此特別提醒，這些能力不是刻意修練而來的，是自然擁有的。

如果眉心輪受到阻礙，一般來說會產生自大、膨脹的權力欲望，因而常會利用此能力去控制他人的心靈，奴役或利用他人以滿足私欲，這樣會產生自閉症狀、出現否定自己的壓力，以及其他相關的精神上的錯覺。

第七個脈輪——頂輪

頂輪的位置在頭頂中心，這個脈輪象徵超越自我，突破二元對立法則，達到宇宙合一的境界。當你體驗到天人合一的感覺，那是一種超越形體的自覺能力，不再有主體和個體的區分，透過自然連結宇宙至上的意識，或者連結超凡的大智慧，幫助我們超越因果幻象，得到實在的真相和真正的自由，達到三摩地開悟解脫的境界。

中脈七輪與左右二脈

人體中除了中脈的七個脈輪外，在中脈兩側另有左、右兩脈（又稱靈蛇），左脈又名月脈，右脈又名太陽脈；左脈涼、右脈熱，兩脈於脊椎內和中脈相交。它們首先彼此交會於海底輪，接著分別交會在臍輪、太陽輪、心輪、喉輪，第六交會於眉心輪，最後，右脈從右鼻孔出，左脈從左鼻孔出。這「三脈七輪」與人體的組織器官、神經系統、內分泌系統、淋巴系統以及能量系統，均有密切的關係。中脈七輪與左右二脈的關係如下表所示。

脈輪與身體陰陽的相互關係

<table>
<tr><th>脈輪</th><th>位置</th><th>身體關聯</th><th>手腳關係</th><th>相關腺體／功能</th><th>相關情緒</th></tr>
<tr><td>海底輪
（地）</td><td>尾骨，
在陰竅的位置</td><td>（＋）頸部
（0）膝蓋
（－）結腸</td><td>手：小指
腳：小趾</td><td>生殖腺
排泄作用</td><td rowspan="2">貪婪、害
怕、恐懼</td></tr>
<tr><td>副脈輪
膝輪</td><td>膝蓋後方</td><td></td><td></td><td>身體和心理動作的
平衡及彈性</td></tr>
<tr><td>臍輪
（水）</td><td>位於肚臍與
命門的中間
（骨盆、薦骨）</td><td>（＋）胸腔
（0）盤
（－）腳底</td><td>手：無名指
腳：第 4 趾</td><td>腎上腺、卵巢、
睪丸生殖、創造</td><td rowspan="2">渴望、性
慾、貪欲</td></tr>
<tr><td>副脈輪
腳底輪</td><td>腳底</td><td>（＋）頸
（0）橫膈膜
（－）會陰</td><td></td><td>與大地相連接</td></tr>
<tr><td>太陽輪
（火）</td><td>位在胸骨基部
之處、太陽神
經叢、腰椎</td><td>（＋）頭、眼
（0）太陽神經
叢、腹部
（－）大腿骨</td><td>手：中指
腳：第 3 趾</td><td>胰臟
消化作用</td><td>發怒</td></tr>
<tr><td>心輪
（風）</td><td>兩乳中間的
位置</td><td>（＋）肩膀
（0）腎臟
（－）腳踝</td><td>手：食指
腳：第 2 趾</td><td>胸腺呼吸、
循環作用</td><td rowspan="2">依戀、愛慕</td></tr>
<tr><td>副脈輪
手掌</td><td>手掌</td><td>（－）小腿</td><td></td><td></td></tr>
<tr><td>喉輪
（乙太）</td><td>位於喉嚨、
後頸部</td><td>關節</td><td>手：拇指
腳：腳拇趾</td><td>甲狀腺、
副甲狀腺
情緒控制</td><td>悲傷</td></tr>
<tr><td>眉心輪</td><td>位於眉心上方
的額頭中央</td><td></td><td></td><td>腦下垂體
支配腦下垂體的
分泌作用，調整
全身分泌系統</td><td>虔誠</td></tr>
<tr><td>頂輪</td><td>位於頭部頂端
（百會的位置）。</td><td></td><td></td><td>松果腺
發動松果腺和腦
神經系統的機能</td><td>虔誠，對神
性、靈性的
渴望</td></tr>
</table>

七輪的位置、特質、器官及功能對照表

項目	七輪的位置、特質、器官及功能
海底輪 （紅色）	位置：位於脊柱底端，在陰竅的位置。 特質：與生活及生存有關，具有安定的作用。當能量不足時，就會產生恐懼。 器官：主要器官為膀胱、性器官（生殖泌尿系統）。 腺體：與性腺及坐骨神經相通。 功能：與性徵、力量及安全感有關。治療這個能量中心之後，我們會釋放掉恐懼，得到平安的感覺。 （性生活滿足，將有益於海底輪的平衡。） 憂鬱症及癌症患者，海底輪能量容易流失。
臍輪 （橙色）	位置：位在肚臍與命門的中間，與中脈成垂直的交接點，道家稱「丹田」的位置。 特質：與力量及意志力有關，能量充足時，充滿活力，不足時容易頹喪。 器官：主要器官為腸、腎臟。 腺體：與薦骨神經叢相連，與腎上腺分泌有關。 功能：與免疫力、精神病變有關。當這個能量中心，處於平衡狀態時，我們會感受到自己有能力控制生活中的一切，生病時，身體虛弱，免疫力低落，以及癌症、精神病、憂鬱症者與此處能量不足有關。
太陽輪 （黃色）	位置：位在胸骨基部之處。 特質：與情緒的反應及個人能量有關。 器官：主要器官為肝、脾、胃、膽囊、胰臟等器官。 腺體：與胰島素分泌有關，與太陽神經叢相連。 功能：我們所有的情感，都位在這個能量中心。當這個能量中心，處於一種平衡狀態時，我們的思想會清明，自信、自律及自制，而且很容易學會新事物。但當它失去平衡時，它就會產生情緒失調現象，並會有胃腸方面的疾病及糖尿病發生。（感情、情緒是否穩定，與此輪有關。）

心輪 （綠色）	位置：位於心的位置，即膻中穴（兩乳中間的位置）。 特質：此能量中心打開，心胸將會寬廣，同時會產生愛心、慈悲心。 器官：主要器官為心、肺、胸腺、血液、循環系統，以及免疫與內分泌系統。 腺體：與胸腺有關，與心臟神經叢相連。 功能：與愛心、慈悲心、同情心、和諧有關（是否具備愛心、慈悲心與此輪有關）。此輪缺乏能量時，容易引起焦慮、憂鬱等精神方面的疾病；免疫系統失常，如癌症等亦與此輪有關。
喉輪 （藍色）	位置：位於喉部。 特質：與溝通和表達有關。道家十二重樓即是指喉輪。 器官：主要器官為嘴巴、喉嚨、甲狀腺、支氣管、耳朵及鼻子。 腺體：與甲狀腺、副甲狀腺及咽喉神經叢及全身新陳代謝有關。 功能：此能量中心能改善對人的判斷、批評或溝通的恐懼。此輪能量不足時，由於甲狀腺影響，容易產生焦慮、緊張；能量具足時，對於心智的開啟幫助極大。
眉心輪 （靛色）	位置：位於眉心上方的額頭中央。 特質：與理想和預知力及規畫力有關。 器官：主要器官為視丘、腦下腺、耳、鼻、眼睛及腦的下半部。 腺體：與腦下垂體有關，與腦下垂體神經叢相連。 功能：此能量中心會幫助我們向內在的生命探索，對靈性的啟發非常重要，與直覺力及靈感有關。此輪能量不足時，左右腦不平衡，容易引起精神方面的疾病，如憂鬱症、過動兒、自閉症等；能量具足時，則決策力、直覺力及靈感甚強。
頂輪 （紫色）	位置：位於頭部頂端（百會的位置）。 特質：與自性和靈性有關。 器官：主要器官為松果腺及腦的上半部。 腺體：與松果腺相關，與三叉神經叢相連。 功能：心與靈性連接在一起，它會以神性整合人類，並結合神性與人的命運。（此輪與身心靈的統合有關，心想事成與此輪有關。）此輪能量不足時，容易引起頭部方面的病變，及全身機能的失調；能量具足時，對身心靈統合幫助極大。

打開第三隻眼，開啟內在的靈光

在研究光啟的過程中，最需要注意的是，開啟光體的正確位置，也就是第三隻眼的玄關。自古以來，一般人不管是修行有成的高僧，或者一般有靈異體質的人，都告訴我們，每一個人都具有靈體靈光，只是一般人沒有辦法體悟。筆者由千手觀音菩薩法界認定後，法教法傳給筆者通天通地的能力，因此能吸收天地能量，透過筆者的雙手，打開每一個人的第三隻眼的玄妙位置，打開每一個人的靈魂印記靈光。也是透過第三隻眼，通過你內在的靈體靈光，開啟你內在的靈光透視的能力，而看到自己的靈性生命體。

光啟者們的問事，已漸漸開發出人體內在的靈魂真氣，在這個重大發現之後，你可以透過最快速的法門，開啟你內在，讓每一個人的生命都能再度覺醒。

人體有三條靈氣，第一條是靈魂真氣，也就是我們生命真正的主人，是我們的靈魂真氣；第二條是我們腦意識的意識靈；第三條是我們肉身身體的生魂。人生下來就有這三個本來就具有的東西，所有靈修的法門中，修補轉代自己的能力及內化，就是內修修持法門。找到自己的真心、本性、靈性的明心見性，見性成佛，這就是佛教教主釋迦牟尼佛所傳所修的。自古以來所修的都是如此，讓每一個人都能順利達到返源歸宗、了脫生死、離苦得樂的目標。

筆者所傳承下來的觀音菩薩法門，就是要開啟每一個人實修的機會，讓每一個人都能親身經歷天醫光啟祕法。我們在南投、宜蘭和金門都有道場，讓有此機緣的人開啟體內的奧妙能力，透過天醫光啟轉化祕法，幫助人類探索生命，也幫助人們解決疑難雜症和病痛。

第四章

宗教迷信與靈魂光研究

宗教的迷思

古代流傳下來的觀念及宗教的勸世教育，在二十一世紀已經無法達到過去的修行境界。每個宗教都勸世，但是不同的宗教派別之間常見矛盾的觀念，宗教間互相批判、排斥也不少見。為什麼會這樣呢？因為時代變化，修行和物質享受混淆在一起，以及宗教和科技的融合所造成。

各宗教為了吸引眾生，各自發展了一些迎合世俗的觀念，有時只是讓人進入了迷信與執著，卻沒有引導入門者進入真正的修行。現在普遍都是以一種勸世的概念，也就是宣揚好的道理、善的人生觀，以及天堂與地獄的觀念，勸導信徒為善。但是並未對於宇宙的真理、人生真相的了解下工夫，例如，讓眾生了解本性、空性，以及改變習性業力，去除我慢、我執，達到真正的離苦得樂，了脫生死的境界。

釋迦牟尼佛捨棄太子位，心甘情願的出家修行，目的是為了幫助世人明心見性，見性成佛，離苦得樂，認識永恆的真理。佛教二千五百多年的流傳，至今有修禪定、淨土宗、密宗等八個宗派，所有修行方法都是希望能夠像釋迦牟尼佛一樣，得到果位，但是要如何修出正果，即便在正覺佛教裡，也不知道如何開啟人的靈光，讓人能快速的往內觀、覺醒。生命宗教的好處，在於度人從善去惡，若無法度人從善去惡，就無法世界大同。國家訂定法律的目的也是讓人去惡從善，犯罪就懲罰去坐牢反省，然而常常受刑人出獄後照樣犯法，所以法律與懲罰並無法杜絕犯罪，使人改過向善的功效也有限。為什麼呢？那是因為人深層腦意識裡的習性業力作祟，並非他本意如此。

其實，人的本性是純淨善良的，會犯錯是因為我們被社會的大染缸污染了習性、業力，加上外靈入侵干擾我們的大腦，左右了我們的思言行，日子一久，造成了人的惡習，並養成了一些習性與業力。

迷信與執著

看得到的有形物質可以靠經驗、靠能力去爭取，得到就能讓生活較為便利，但如果要探討無形的、肉眼無法看到的東西，除非我們能先放鬆頭腦的意識。不過，要放鬆頭腦意識，必須先有修身養性的基礎，比較沒有危險性。有些靈修者對此不以為然，有些宗教修持者無法接受，事實上許多教派所教的信仰觀念是最大的問題。

不管你信或不信，我就是提供這些訊息給你們參考和研究，即使你無法接受也沒關係。如果我們能做到不執著，我們就能照顧好我們的身體，腦意識不偏失，竅門就不會大開讓外靈趁虛而入。在這追求物質的年代，一旦執著、起分別心，就容易跟人比較，但是人比人氣死人，看別人富有就拚命賺錢，更有人輸人不輸陣，辦了很多張信用卡拚命刷卡購物。這都是自我意識想法作祟。

我們如果有不執著的修養，不受外在的影響，對生命中到來的人事物與外境保持平常心、自然心，腦中的竅門自然守得住，不會因為意識的偏失而開啟。盡可能生活單純，知足常樂，欲望不要太多，麻煩自然會少。就如宗教所說的，自作孽不可活。自造業障，到最後被外靈侵入，而形成很多無藥可醫的疑難雜症，需要經由靈學上的無形面處理，病苦才能痊癒。

另一種自作業障是迷信。我們的宗教信仰的形成，通常跟原生家庭的信仰密切相關，父母親信神拜拜，於是我們就跟著信神拜拜，這種民間信仰宣揚「善有善報，惡有惡報，不是不報，時機未到。」或是「人在做天在看」，強調不要做壞事、去惡從善等等，都是做人基本應有的態度，並未觸及真正的修行。

如果我們要追求真正的修行，希望這一世的靈性有所成就，能夠返源歸宗，修成正果，就要修到像佛祖一樣。但為何現代人的修行卻無法修到這種境界呢？其實，每個人都有靈魂、有佛性、有靈性，每個人都是可以修成正果，而這樣的修行是返回內在自我，並與宇宙天地連結，不應該執著在一個教會、教團或宮廟裡，這等於是約束了自己的靈性，阻擋了自己修行上的突破。

在追求真理的過程中，做人不違背良心，不要自私自利是基本的，有些人的樂天是與生俱來的，但對某些人來說，「不要煩惱」則需要學習。我們用智慧、靠經驗努力去爭取生活上的寬裕富足，但也要知道賺大錢需要天時、地利、人和，若因緣不具足則無須強求。俗話說：「人兩腳，錢四腳。」拚命想要賺大錢，卻怎麼追也追不到。有的人賺了錢卻守不住，賺進來的，不知不覺間又流失掉，這就是本身意識與魄力的問題。

自我意識太重的人會在無形中讓外靈的濁氣入侵，濁氣太重會造化出病毒，有些人意志無比堅定，堅持自己的命運就應該這樣或那樣，這種堅持有時候就如同佛家說的「人生苦海」。這些都是自己造成的，人生道路都是自己的腦意識所選擇的，神不會幫你、不會害你。你最該害怕的是，因為我執導致那些無家可歸的孤魂野鬼，進入你的竅門、進入你的體內，並造成許多傷身害命的後遺症。

所以，如果你有幸能從一般宗教信仰的範圍內，向上探頭看見真實修行的目的，除了人生觀念的正道之外，應該尋求真理與真正修行的方法，絕對不能執著於迷信。

人體光啟的靈光研究

人體的體外光與靈光，一般人肉眼無法看到，但可以透過光啟開啟第三隻眼看到，靈光具有道妙的功能，也是我們靈性的本體。

筆者因為菩薩法界所有佛菩薩的賜予，而擁有透過光啟點化的感應，啟動你們第三隻眼的能力。點化開啟你們的智慧之光，你們可以透視自我內在的靈性，看到你們自己的靈光以及各種形象。每個人的感受跟體悟不同，有的可以看到靈光的種種光彩變化，有的人可以看到諸神佛菩薩，有的人可以看到前世今生以及三世因果。每個人是不一樣的生命，每個人的感受和體悟也都不一樣。

透過筆者以及法界菩薩們的能量，再度開啟你們的第三隻眼，以光啟啟動你們的內在生命，來關注內在的靈性之光。除此之外，透過第三隻眼的天眼透視，你們可以看清內在具足的本性與靈性，照見自己的真性本心，並了解這個靈光體所顯化的七彩光。

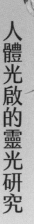

靈魂光體是無形的光

我們有時會看到某些地區的人，用相機拍出人體外靈光的相片，例如利用克里安照相機所拍攝下來的人體能量與靈魂光，克里安照相機是用感應的原理，來拍下人體的體外光。社會上流傳一些大師和法會的照片，照片中清晰可見無形的靈光，但並非大師或法會才會有靈光，其實每一個人都有。

所有靈魂學真理都有描述，有形會影響無形，無形也會影響有形，身心本就是合一的。宗教信仰及靈修，就是要讓人往內在的靈性發展，去體悟我們內在本自具足的神性與靈性。我們都知道，要修身養性、去惡從善，進而去信仰某個宗教，都是從半信半疑開始，慢慢的，我們才逐漸從迷失中覺醒，領悟到內在靈性的偉大，進而開發我們的智慧、了解生命的真相與本質。

人體各色靈光的意義

我們體內的靈光體所顯化的七彩光，代表不同的能量，有其個別的意義。以下就說明這幾種能量靈光及其顏色所代表的意義。

黑色的靈光體

黑色的靈光代表這個人內在的光都是黑氣，而且沒有任何光。這種是完全沒有修心養性的人的體外光，表示這個人全身都已經被濁氣占滿，他的意識完全被占領，所以靈魂光完全無法發射出去。這是最不好的靈光類型。

綠色的靈光體

當人體有綠色的光體出現，就要注意，這代表這個人的體內已經有較高能量的外靈入侵，表示外靈的毒素已滲透在身體各處，將會破壞人體的生命機能。如果肝臟的部位有綠色的光，肝基因就會被破壞；如果腎臟有外靈干擾，腎臟就會出問題；如果外靈占領大腦神經，言行就會出問題。所以一旦出現綠色的體外光，就要注意身體健康狀況，最好趕緊修心養性，來改善自己的身體。出現綠色體外光還有可能是另一種原因，就是由於靈修偏差所引起外靈入體，若是這個原因，要立即停止你所進行的靈修方法，趕緊改善個人所有一切行為與思想。

紅色的靈光體

紅色的靈光，代表此人的意識中充滿了有形物質界的欲望，他們是唯物主義者，除非親眼所見，否則很難說服他。他們的物質欲望也比較強，會追尋金錢、事業上的成就。你可以試試看，和他談論有關鬼神和無形界的事，他幾乎完全不會相信，甚至還會嗤之以鼻。紅色光體的人鐵齒且武斷，必須得等到適當的時機才能度化他。

白色的靈光體

擁有白色靈光體的人，代表他在人生路途及思想觀念上不是太執著，比較不迷信，做任何事情都量力而為。生活作息規律，幾乎是日出而作日落而息；言行舉止平穩，沒有值得特別稱頌的好行為，也沒有讓人唾棄的壞行為，是比較純良單純的人，因此肉體沒有什麼雜染之氣。體外光呈現白色的這種人，可以說是善人、孝子的類型。

藍色的靈光體

如果一個人的體外光是藍色的，一看就可知對方是一個修行人或者修道人，也可以說有先天能力的寄託或註記，是個有隱藏先天修行因果的人。所以，前世有修為的人，他的體外光色會呈現藍色。如果是一個先天有陰陽眼或者有眼通的人來看，就能看到這位有體外藍光的修行人，體內有一顆藍色的摩尼珠，就是他體內隱藏的這顆摩尼珠，使他的體外呈現出藍色的光彩。

黃色的靈光體

擁有黃色的靈光體的人，表示他是一個先天界的修行人才。當你的靈修指導者的體外光發射出黃色光彩，你可以放心，他的氣場與靈光體絕對不會傷害眾生和靈修者，你若在他的指導下修行，有如羽翼下的雛鳥，會受到他的保護，並且他會清除你身上的濁氣。

金黃色的靈光體

呈現金黃色的靈光體的人，修行的境界已經達到靈魂光能量很高的境界，必定是經過累劫累世的修行。目前世界上擁有金黃色體外光的人，都是修為極佳而且是天道以上的菩薩戒。此人擁有第三眼的透視能力，今生若能繼續修行直到死亡，黃金色的靈魂光等於能夠了脫生死，到達觀音菩薩法界。我們的觀音法門，就是一個能夠到達這種境界、回到觀音菩薩法界的次第。

紫色靈光體

紫色的靈光體代表此人曾經修到羅漢以上的境界，但是羅漢界的次第仍無法了脫生死，在人世間的修行是小乘而非大乘，還無法了脫生死，需繼續行六度萬行，度一切眾生。

七彩光的靈光體

有七彩光的人能夠度人，也就是可以解他人的因果業力，白話一點就是能夠幫助眾生解決他們的疑難雜症。我們的法門，就是要幫助眾生研究內在的靈性覺醒，啟發每個人內在的神性，轉化人們的習性業力，以了脫生死。我們的道場與修行，就是希望能夠幫助大家達到金黃色甚至七彩的靈光。

天醫光啟轉化祕法，在觀音法門的修為，可以讓你們都完成今世生存的意義與價值——也就是完成你們今世轉世的使命。在我們的觀音法門的修持過程中，你可以知道你今世為何而來，又該往哪裡去，讓你真正的覺醒。筆者廣傳天醫光啟轉化的目的，就是希望每一個人都知道，自己的靈光體是不生不滅的，讓你們了解自己的體內靈光，更讓你們這一世就能達成人與靈共成長的成就。

第五章

學員分享與見證

學員分享1：重新聽見，重拾希望／黃士銘

我是一個有聽力障礙的人，三年前，我因為左耳邊突然的巨響而暈厥，被送往秀傳醫院治療，醫生幫我打耳內類固醇，一天三餐各吃六顆類固醇的藥來減輕不適，經過三個月的治療，聽力下降到八十分貝，九十分貝以上的聲音才聽得到。

可是，在去年底某一天早上，我的右耳也突然聽不到了，我驚覺不妙，趕快去彰化基督教醫院治療。那次我住院一個星期，注射耳內類固醇、打血液循環的點滴、做高壓氧治療，都不見改善，耳朵狀況時好時壞。

出院後我去找中醫做針灸治療，過年期間，經由住在台北的小妹，推薦到台北榮總，找一位醫術很好的耳鼻喉科主治醫師治療，年假就這樣在醫院度過。

在台北榮總住院治療了一個星期，兩天打一針耳內類固醇，出院後持續接受中醫針灸治療，還是不見改善。在耳朵聽不見的狀況下，我只好去配了助聽器，戴上助聽

器雖然可以聽到聲音了，可是對別人說話的內容還是無法辨識。這樣的狀況持續困擾著我，直到有一天到蓁姐家，她問我：「你信任我嗎？我帶你去草屯找高善老師。」一我二話不說跟著蓁姐來到草屯道場，高善老師幫我看了看，他說是我的耳朵有十一個冤親債主在干擾，造成我耳朵的問題。

我問高善老師該如何化解？在高老師的協助下，請求千手千眼觀音菩薩做主讓我還願。

這過程中，我每星期來道場一次，由高善老師幫我治療，漸漸的明顯改善了高低音，也聽得比較清楚了。陸續治療三個月之後，從剛開始一到兩星期一次，到現在一個月一次。持續治療了半年後，我的聽力恢復了一點，本來裝助聽器時連聲音都辨識不清，現在我聽高低音都變得比較清楚。

真的很感恩，能遇到高善老師並獲得這段期間的治療，讓我對復原能重拾希望。

學員分享２：有福報才認識了高善老師／洪越家

很高興有這個機會跟讀者們分享，我有幸結識高善老師的這段因緣。這段因緣來自於我們南投縣草屯鎮炎峰國小的家長會。我在二〇一一年，擔任炎峰國小的家長會副會長，恰巧高善老師也是該國小的副會長。當時炎峰國小舉辦了一個盛大的活動，我們在活動上互動而結識。

那場活動結束後，依照慣例，家長會慰勞大家舉辦活動的辛勞，而一起聚餐吃飯。大家開心閒聊時，另一位副會長提起，他和高善老師相識並受到他幫助的過程。

原來他老婆長年受不知名原因的頭暈所苦，看遍全台的中、西醫都找不出原因，也無從醫治。這樣不定時、不明來由的頭暈，嚴重影響了他們的生活作息。他對此非常無助，高善老師聽說他們的事情，於是在某個場合私下客氣的向他說：「你找時間帶你老婆來找我，我試著協助你老婆處理這無名的頭暈。」就這樣經過了三個月，每個星期，高善老師啟動他的特殊能量，加持、淨化他老婆，沒想到，那長年無名的頭暈全部都好了，且從此不再發作。

我聽完他分享後，心裡一半驚訝，一半懷疑，心裡想著：「有這麼神奇的事嗎？」餐宴結束後，我在好奇心的驅使下，特地透過那位副會長引薦，我帶著我老婆親自去高善老師的道場拜訪並驗證。經過那次初體驗之後，就開始了我人生的另一番新氣象。

在這幾年中，我只要在事業上、家庭上或人際關係上有什麼疑問或困擾，我都會前去請高善老師幫忙。現在我有許多投資，例如：房地產、餐飲店等等，只要我有想投資的事業或標的，我就會去請示高老師該項投資的可行性。只要高善老師說可行，事後確實都是有獲利、有成長。每次我謝謝高善老師的指點時，他都謙虛的說，那是我個人的好福報、我非常有善心等等。

現在的我，家庭、事業都順心如意。我真的非常感謝高善老師的照顧，所以我現在也相當認同「福報」這等事了，因為我有好的福報，此生才有幸結識高善老師，你們說是吧！

最後，我相信有機會看到這本書的讀者，也都是很有福報的人。這本書將會是開啟你與高善老師良善因緣的契機，要惜福喔。

學員分享3：自我放棄後的一線光明／梁涵育

我還是個在學的學生。

依稀記得，幾個月前，我的生活到了一個新的階段，壓力漸大，睡眠品質也不是很好，身體也開始向我發出了抗議，我經常不定時出現暈眩的狀況，天旋地轉，使我無法正常去學校上課，請病假的次數也與日俱增，老師也擔心我會跟不上進度。

我印象最深刻的那次，是在某一天晚上將近十點時，我又發生極度暈眩的情形，附近診所早已打烊，只能去大醫院掛急診。現在憶起當時的場景，仍讓我打了個冷顫。我虛弱得需要人攙扶才能移動，進醫院吊了點滴、打了止暈針並休息後，回到家裡已經是凌晨了。

身心雖然極度疲憊，但腦中仍忙著整理剛剛醫生所說的一番話，「內耳不平衡」又或者有人稱為「內耳神經失調」，原因是耳水不平衡，毫無預警的眩暈現象，只能多加休息。吃了大醫院開的藥，才恢復沒幾天，又再度發作，依舊是去診所拿了止暈藥便回家睡一整天。

當時我內心很害怕，是不是這輩子只能這樣了。家人照顧得很辛苦，感覺吃西藥的效果不佳，我上網看了些病例和相關資料，原來這種症狀有個統稱，病名叫做「梅尼爾氏症」，梅尼爾氏症的病因至今還未確定，有好幾種說法，但都還沒有定論。也有人推薦中醫治療，我覺得不妨也去試一試。果不其然，中醫師說的和西醫一樣，我又日復一日的照三餐吃藥，一個禮拜再度回診去報到，後來試過另一家診所，也沒有太大起色。

為治療暈眩症折騰了那麼久，都沒有起色，自暴自棄的想法油然而生。就在這時，因為爸爸認識的一位老師，聽說我的症狀，他說可以治療我，於是我抱持著給自己最後一次機會的心態，跟著爸爸去找那位「高善老師」。

第一次到道場，一踏進去，氛圍很舒服，不安感一掃而空。看到高善老師的第一眼，就感覺他是一位非常親切的老師。接下來，高善老師幫我淨化，那感覺很神奇，像一股強而有力的電流，透過老師的手，點化在我額頭，卻竄入全身的麻；也能隱隱約約看到亮光，真的很難以言語表達，實在是很奇特的經驗。

第一次點化後，高善老師只交代下禮拜還要再去，以及叫我平時要常念「觀音聖文六句懺悔詞」。雖然只是簡單的交代，我卻莫名的放心將這件事交給老師處理。之後又經過幾次淨化與加持，我才慢慢知道，原來老師是在跟我體內的冤親債主溝通，希望祂能原諒我，並答應幫祂超度至觀音菩薩法界寄託處。

在加持淨化的過程中，老師也不斷修護著我的靈體，還不斷鼓勵我，希望我能更積極正向。事情在最後的度化儀式中圓滿的結束了。那時我的身體狀況已經與之前相差甚大，發作的次數漸漸減少。短時間內就有明顯好轉，不僅我自己有感覺，連我家人甚至同學和老師都這樣認為。實在很佩服也很感謝高善老師，我就像在幽暗的低谷看到一道亮光，在我放棄自己時，還有家人和高善老師的協助，真的很慶幸也感到很幸運。

對高善老師的感謝與感動，無法僅以數百字完整詮釋，這份感謝我會一直留存在心中。也希望藉由分享我這一段親身經歷——從病痛纏身、求醫無助，到得到高善老師的幫助而完全改善——與讀者們一起見證高善老師的善心與無私的幫忙。

學員分享4：啟發內在心靈豐盛的「緣」／梁宇洋

這個「緣」，應該要從多年前說起。

二〇〇八年前，我在科技產業跌了一大跤（當時正處於雷曼兄弟的全球金融風暴），在最難熬時，朋友介紹我進入了文教界。在從事文教業時，我心裡一直想著如何東山再起，並為此而努力著。

我服務的是文教產業教材類的公司，客戶對象主要為補習班跟國中小學。我跟一般人一樣，工作態度都是相當「務實」的心態，說真的，我看到補習班的規模太小，我都不想進去服務它們，因為學生人數沒多少，訂教材的數量一定不多，所以我大都往規模較大的補習班跑（完全就是很勢利）。

就這樣，我這一路的經營模式跟以往做生意時的心態沒兩樣。二年多後，我的努力也小有成績，當時在台中服務的補習班約百餘家，無論怎麼想，大家應該也都覺得我小有成績。在我辛苦打拚後，這成績像一道生命中的曙光。偏偏這時，我的老闆起了貪念，把我辛苦打拚的成果吞掉，我又被生意場上的無情再一次傷害。

人家說，如果你的努力之門被關了，老天爺會為你再開另一扇窗。好巧不巧，此時我老婆的同學向我們介紹一位老師，當時只知道老師姓「高」，我們當時都稱呼他高老師，也因為這位高老師，我從文教業轉入身心靈的修行與教育之路，也從此開始。

離開文教業後，我深深體會「人在人情在」的人情冷暖，人離開了，有何人情可言？這樣的感想我想很多人都應該有所體會，可是，我認識高老師並跟在他身邊學習修行之後，我卻有了不同的見解。

回想在文教業的一切，我把它稱之為「因」；我離開文教業後，那些當初跟我麻吉的老師、主任們，現在連我的名字都忘了的，大有人在，我這稱這為「果」。這因果可以說是，我當初的起心動念只為了想賺錢，完全是以「利」為出發點，所以我能吸引及配合的客戶，也大多是以利為因的人（有少部分是真的有情分）。

這沒有對與錯，我只是在探討我自己的體悟與轉變。要是可以重來，我想我會用不同的心與念來服務我的客戶，只不過，世界上沒有後悔藥或小叮噹的時光機存在。這告訴我，我們用了何種心與念來對待這個世界，這世界反饋給我們的就是什麼！

我認識高老師之後，我的成長與轉變又是如何呢？

把時間拉回我剛離開文教業時，當時我諸事不順，老婆的朋友熱心的介紹這位高老師，說讓我們去看看高老師是否能對我未來的工作或生活有所幫助。這段因緣的初始，有些人事物值得一提，定要細說。

在我要離開文教業的那年，我因身體微恙而去找我當中醫師的表哥，他那時剛好要去大陸五臺山朝聖，當下他也邀約我一同前往參聖文殊師利菩薩，說可以開智慧，表哥還說，參聖回來後，三個月後我的人生應該會有一個轉變。我想，我真的是要開開智慧（常被小人欺侮），也可藉此散散心。

我跟老婆商量後，就去朝聖了。朝聖回台後不久，就認識了高老師。第一次跟高老師碰面，覺得這位老師很親切，讓人沒壓力，感覺很好相處（這是高老師的特質）。見面那天，高老師跟我說，我跟他有很深的因緣，他協助我一些事，又告訴我一些該注意的事項。三個月之後，我毅然決定跟在高老師身邊學習及修行。

高老師常說，在修行的路途上，修行是修自己，不是修給誰看的。高老師自己又是如何修呢？其實，若要我介紹高老師，還真是很難形容，因為他真的很特殊。如何特殊呢？就拿我親身經歷的一則小故事來說吧！

有一次，我們全家跟我一起去高老師的千手觀音道場，這個道場讓我感覺很舒服，因為它不像一般宮廟或佛寺，到底該如何形容進去道場的感覺？我也很難形容，就是感覺沒壓力就是了。當天我們去參加大悲水淨化及點化儀式，法會儀式開始時，我神經緊繃了一下，過一會兒就覺得還好；當大悲水淨化開始時，我滿肚子好奇這到底是要做什麼？

就在高老師用手碰我額頭時，我差點沒叫出來，因為我的額頭感到一陣熱流，以及像被電到一樣的麻觸感，接著手跟腳也有電流竄過的感受，實在讓我太驚訝了。在我眉心處，彷彿看到水波紋路的光芒，這也是我有生以來第一次接觸到這種事情。事後，我心中除了許許多多問號之外，剩下的是感動與一種舒服的感覺！

在回家的路上，我也好奇的問老婆與孩子有關於今天的事，我說：「你們的感受是如何？」老婆與孩子的反應跟我都一樣，覺得很不可思議！當時我還很鐵齒，無法相信有這樣的人與事，我還跟老婆說，「下次有機會再去，我們要注意看那老師或他坐的地方，有沒有偷藏會通電的東西。」

爾後經過幾次臨床與證實，我是真的信服了，這是高老師的因緣，也是他的天賦，當然，更是他後天的修行讓他有了這般神奇的能量。我對高老師更加肯定與認同的是，他在人道的修行中也曾迷失，並從迷失中又找回自己，進而對修行有更絕對的領悟及印證，即所謂正善正念、正知正見。

我常對自己說，原來我也滿有福報的，能在有生之年遇到高老師，還可以在他身邊學習與修行。這幾年，他毫不吝嗇且沒保留的教導與分享，讓我快速精進。而修行的校對準則，則以佛法為基礎，這幾年的學習進修，我由內而外的轉變是有目共睹的。連我的小孩也常跟她媽媽說：「爸爸脾氣變得好好，不容易生氣了耶。」我姊姊也驚嘆，他這小弟怎麼這幾年轉變這麼大呢？甚至引得她後來也想認識高老師。

我對自己這幾年的轉變稱之為「覺悟」，這覺悟，我個人的解讀是——學習看見（覺）自己的心（悟）。高老師對後學的教導及共修的種種，實在無法於此詳述，只能以簡短的文字分享給讀者們。高老師的修行成果，真的值得讀者們親身去體悟。

於今，我也將過去的蛻變、成長及心得，投入課程中，陸續開始與有緣人分享，我想，這是對高老師最好的回饋與回報了。因為，當我看著共修的學員們的轉化與提升，心中有無限感動與喜悅，相信高老師當初教導我們時，一定也有相同的心境與心情吧！我心中默默期許，這麼好的良善循環，我也要好好的分享、傳遞出去，讓更多人有機會得到轉化與提升，謝謝您，高善老師。

學員分享 5：放下瞬間的執著，心扉自然敞開／施冠伶

多年前，因為某種機緣巧合，我踏上了靈性之旅，走過長年的奇幻旅程，直到二〇一〇年，透過友人引薦而認識了高善老師。

起初，造成我生活上困擾的是健康上的因果病。「因果病」是科學與理論找不出病源，且無法根治、療癒的疾病。我了解這與業力有關，需要花時間等待到對的時機，

才能找到根治的管道，但是這症狀一出現，就困擾了我六年多的時間。

我一直都不是食物過敏的體質，但在二〇〇三年，我二十多歲那年，某一天吃到含有辣椒、胡椒粉的調味料、糯米粽、油炸或炒過的食物之後，臉部長出一顆顆紅疹，慢慢蔓延至全身，自此竟然成為過敏體質，常常不明原因就出紅疹，全身腫痛、搔癢難耐、猶如針扎。好幾年晚上都睡不好，凌晨就因為痛或癢而醒來，起床擦藥再繼續忍著癢痛的難受入睡。

我第一次食物過敏發作時，曾到大醫院抽血檢查過敏源，檢查報告的答案是，上百種食物，沒有一樣是引發我過敏的病源，等於宣告以科學儀器是檢查不出任何原因的。當時，我心裡疑慮著：「醫學檢查報告出來的結果顯示我如此健康，那為何我還會過敏？」這個疑問，在我心中存在了很久。

經歷多年西醫的藥物治療，病況始終毫無起色，我轉以中醫調養體質，期盼奇蹟有一天會出現。二〇〇九年春天，是我逢遇貴人契機的轉捩點。當時我正因食物過敏，急速產生紅疹全身腫痛，疹子侵襲我的臉部與全身肌膚，如火燒般的痛癢難耐，不但身體難受，心裡也備感壓力。在這緊急時刻，一位曾在大廟「辦事」、許久未見的女性友人，突然聯絡我，她的出現為我的健康人生帶來了一線生機。

我們透過電腦通訊軟體聊著近況，我跟她聊到最近飽受查不出原因的過敏之苦。對方說：「要不要抄經試試看？」抄經在宗教層面來說，意謂著：「因果債，功德還。」對於看了醫生卻無法根治的慢性病，許多人會試著往身心靈層面探討，是否是因為業力（冤親債主）阻礙，才使得疾病無法治癒。

於是我在這位女性友人帶領下入門抄經，在經歷一段時間的抄寫功課後，我慢慢發現，在透過經文的能量傳達內在的同時，我感覺到舌頭內的哀嚎聲，這時才發現導致我食物過敏的原因，是隱藏在我舌頭的業力。二〇一〇年出現了另一個機緣，另一位友人的學長在台北參加了「靈魂呼吸法」課程，給予高老師很高的評價，朋友認為這個課程很適合我，強力推薦我去上課，試試看是否能改變困擾我多年的過敏體質。

那時，靈魂呼吸法的開課地點，分別在台北與新竹兩個教室，我選擇去新竹上課。我帶著好奇寶寶的心態，一人獨自前往，想探索究竟何謂「靈魂呼吸法」最高層次的轉化？

到達新竹教室之後，高老師及助教已經在現場等候著二十多位學員們到來。正式上課前的第一步驟是，接收高老師來自千手千眼觀音「天醫光啟」能量的催動，淨化身心靈的洗滌。我好奇地看著前方學員，他閉著眼睛靜靜讓高老師為其點化，彷彿沒什麼動靜。我無法明瞭目前是什麼狀況，也無法想像這是什麼殊勝的特異功能。心想：「既然都來了，也許是菩薩們安排的因緣，要我來見高老師。」

輪到我接受點化時，高老師以手指點按在我的頭部眉心中間，接著在眉心以順時鐘方向注入第三眼，啟動了內在靈魂之光，一陣陣舒適緩慢的電流，從頭頂慢慢強烈擴散、傳遞至腳底，能量場籠罩全身。

這一瞬間，閉著眼睛的我看見了白光，從原本不清晰的白光影像，由內往外擴散展開，似旋風扇形狀一點陣一點陣的麻，然後逐漸強勁，猶如電光火石衝擊整個身心。這一幕畫面，使我內心的感動程度無比震撼，當下，我內在一直呼喊著：「觀音媽媽……」我也隱隱約約看見了觀音法相。

點化完畢之後，正式進入「呼吸」的課程階段，高老師引導我們透過嘴巴呼吸，進入內在更深層的負能量釋放。第一次上課的學員們，起初都有些生疏，無法掌握訣竅，高老師一步一步帶領我們，帶動全場進入狀況。我試著用嘴巴呼吸、運用腹部丹田的力量，一呼一吸，由淺至深層；我試著放鬆身體，全然與神性溝通；我試著以意識層面向內在交流，告訴著自己：「若祢想釋放出來，請祢用自己的力量釋放出來。」

意念一生，體內開始有反應，很快就進入更深層的狀態，從喉嚨、從聲道開始喊，吐出如煙圈般一圈一圈的負能量氣場，這氣場連結著過敏的皮膚、連結著器官、細胞內所隱藏的病氣與毒素，一次又一次的釋放與清理，負能量與毒素慢慢排出體外。接著，再繼續往下一個呼吸，進入更深層的療癒，轉換進入另一個釋放空間。

在轉換進入更深層空間的醞釀期，釋放即將開始，就在這一瞬間，我感受到內心的靈魂世界，有著巨大、強烈震動的力量，急速的將內在傷痛的負面情緒垃圾丟出來，包括憤怒、悲傷等七情六欲，包括童年不快樂的回憶，以及多世輪迴帶到今世軀體的累世印記，這印記上有受傷記憶的附著，有無形業力的牽絆等等，一個個離開了我肉身軀體。

之後，我的身體靈魂肉身被帶到另一個磁場空間，就好像到達宇宙浩瀚無邊無際天地之間，我們連結了光與愛的慈悲頻率能量，直接療癒了身心靈。去上高老師的課程之前，我一直感覺身體很沉重，像背上扛著沉重的石頭一樣。初次療程結束之後，我得到了一個大大的的驚喜，原本困擾我多年的食物過敏症的跡象已好轉，後來不再復發，也能正常飲食。

後來我不間斷的上課，透過呼吸法，一次一次的轉化不同的病氣與業力。身上原來藏著的無形的怒意、憂傷，慢慢消失無蹤跡。我學習以「放下瞬間的執著，心扉自然敞開，」的想法，釋放過去的種種，就像毛毛蟲蛻變成蝴蝶的過程。

學會「放下我執」，是為著預備將來飛行，而生命裡的掙扎陣痛，是「破蛹而出」必須的生命歷程。直到羽化為一雙美麗耀眼的翅膀，成為充滿力量的彩蝶，揮舞著絢麗、翺翔天際的靈性翅膀，盡情展翅，高飛出命運的牢籠枷鎖，迎接陽光明媚而燦爛的未來，走向閃爍耀眼、發光發熱的彩色人生。

感恩高老師與觀音媽媽大愛慈悲的恩惠，我親身體驗了「靈魂呼吸」課程，帶給自己的禮物是，健康與感恩生命的每一天，內心世界常保喜悅正能量。

學員分享6：天醫光啟，開啟內在力量／石芳嘉

第一次接觸高老師是在台中真相書影會公益演講，他分享了他人生的生死關，癌症到車禍到修行，他一派輕鬆、談笑風生的分享，台下的我彷佛已被高老師從地球帶到宇宙神遊一番，在他身上印證了，「不經一番寒澈骨，焉得梅花撲鼻香」的道理。上天對他的考驗大，但相同的，給的禮物也是不同凡響；一切都是最好的安排。

在這末法時代，資訊爆炸年代，真真假假、假假真真，自稱先知者多如牛毛，真有智慧、愛心、慈悲、修為者則少如牛角。這個時代要遇到這樣的修行者、善知識，

是老天對我們的恩典。

人生的道路上，有許多功課是我們必須要去面對的，不只是面對事，最重要的是情緒的料理，有多少無常就有多少修行，心的正能量正是對治無常的特效藥。我們真能做的是發揮自己內在的力量，觀照內我，提醒自我用一顆慈悲與友愛的心面對任何逆境。修行是由外到內的過程，外修多是生存技能的修練，而內修則是我們內心的領悟與靜化。

身心靈合一，寫跟說都容易，但真要做起來，實修實證卻是要下工夫的，是一輩子的事，身體要養分才能生存，心靈更需要正知正見的滋養才不起煩惱心。

人法地、地法天、天法道、道法自然，而天的運轉讓我們知道生命的起落，時間的流轉；陽光、空氣、水生命三要素，光的照耀是地球任何生物的生命延續的必要元素，而心的光必須是我們在二六時分去感悟、體悟、覺悟，成為智慧之光，解脫煩惱。

我相信讀者讀了這本書後，一定在身體、生命、修行得到更好的輔助效果，從而增添內心的活力與幸福，更能以無畏的勇氣面對日常生活的考驗。

學員分享7：以天醫光啟點化，改造優質靈體／王添丁

（中華世界佛教協會理事長）
（中華民國耀華生命關懷協會理事長）
（世界中醫藥腫瘤康復委員會理事）
（中華青草藥師）

「緣」是一種無形的橋梁，也是無形的推手，在偶然機會裡經朋友介紹，認識仰慕很久的大師高善，並知道他是仁心濟世，樂善好施，富有神蹟的傳奇人。我到了草屯道場，看到很多信眾及師兄、師姊在他們的指引下修行，很榮幸有了第一類的接觸，也讓我更了解宇宙的神奇力量。

我來描述一下這次機緣的體驗情形。當時見到高善大師一臉慈悲法相，我走到他前面時，他很溫和的要我坐在他前面，要我放輕鬆，閉上雙眼。這時候他用手指輕輕的點按在我的雙眉之間，有股麻麻的感覺像一股電流注入，從眉心開始始往頭部及顏面流動，再往全身。這種感覺真是言語無法表達的，更有種落失，落離，落得有點忘

了置身何處，但從記憶中在喚醒自己。這過程很短暫，但有生離死別的感覺。

非常感謝高善大師給予這次體驗機會。我是研究生命科學及老祖宗中華漢方《本草綱目》神農百草，我們的生命都在一呼一吸之間延續生命之靈魂，其實生命與能量是一體並且交互影響的。人體就像小宇宙，天地環境就像大宇宙，大小宇宙是一門大學問。陽光、空氣、水，大家都知道它們的重要性，但很多人不會重視。還有人的，精、氣、神，該如何喚醒自律神經，調整自體免疫系統的修復？我們要能了解能量、氣場，對不好的磁場及環境知道該如何趨吉避凶。

高善大師用這種天醫點化的方式替人趨吉化凶，讓很多人得以脫離苦海，也讓很多人有不同的體悟並改變人生。高善大師的代言點化，讓生命有很好的提升，在精神上的理療及修復也大有幫助。高善大師對人類有著一定的貢獻，希望大家能多體會他的想法和理念，一起來推廣身心靈的療法，以正向、正心、正念來淨化人生。

在此，我希望高善大師為眾多需要幫助的人點化昇華，改造優質靈體，讓大家過得更好，很高興高善大師又要出書，最後願本書的出版能造福更多人群。

學員分享8：成為世界心靈故鄉，讓小台灣轉動大世界／王炯明

（中華福利大聯盟董事長）

每次談到台灣價值，大部分的人都只談政治、軍事或經濟等層面，而忽略了台灣是二十一世紀後，地球上能量最高，也最接近宇宙天地的能量場，是新世紀最適合人們得到正向能量的寶地。

鑑於此，從二〇〇八年開始，我就發願宣揚「台灣未來的價值是全人類的心靈故鄉」的論述，並思考用全球性思維來建構一個身心靈能量補給站，透過各種致力更新身心靈、回復活力的專業服務，來達到強化整體人生的幸福，從而改變我們的生活；同時廣結善緣，群策群力，讓台灣成為地球上最富有的島嶼，全人類最富庶的心靈故鄉。最後讓小台灣轉動大世界，為全人類服務。

或許是上天得知我的大願，在二〇一五年五月二十日讓我認識高善老師，經由高善老師的點化，讓我深入自我的內在核心，感受神聖的臨在，也更了解自己的使命。

因此，我在二〇一六年七月二十七日，引領悟饕池上飯包創辦人李照禎董事長夫婦、宜蘭四結福德廟總幹事陳榮楷夫婦以及有緣鄉親，到高善老師草屯道場點化，當天眾人皆大開眼界，驚呼連連，也奠定高善老師與悟元心靈文化園區的結緣。

中華福利大聯盟目前正朝向公益公司方向轉型，因此響應「小台灣轉動大世界」運動，推出「大慈善事業計畫——慈愛無彊，修善一家親」，此計畫是幫助台灣和大陸兩地廣大人民身心靈健康與弘揚孝道的宏大事業，是神人共創，聖凡並行，結合產官學與社會集體力量共同合作，任何人皆可參與的一項偉大事業。

此事業結合各方力量，共同推動以文化關懷超越政治、宗教，創造以「創價經濟為目的」的心靈改革與重建的台灣第三波奇蹟，讓全人類同受其恩澤，讓台灣引領世界大同之使命能逐步實現，同時也讓熱心慈善公益願行善積德的參與者，能同享大慈善事業源源不絕的福澤。個人身為中華福利大聯盟董事長，有義務提升所有參與者的身心靈能量，敞開心胸，放大視野，因此邀請高善老師作為中華福利大聯盟的身心靈導師，感謝高善老師的慈悲，同意接受。

二〇一六年十二月十二日，因緣具足，高善老師在悟元心靈文化園區的觀音菩薩法界觀音殿正式開光啟用，十二月十五日正式為中華福利大聯盟的股東點化開智慧，展開弘揚孝道大慈善事業的序幕。

回顧過去一甲子，台灣曾經創造了兩波奇蹟，第一波是經濟奇蹟，台灣度過難熬的發展階段，讓台灣從貧窮轉為富有，同時也帶動了國際經濟命脈；第二波是民主奇蹟，台灣在華人世界扮演了民主先驅者的角色，讓台灣的民主經驗在世界上樹立一個典範。但是，面對二十一世紀新紀元的來臨，台灣必須建立一個精神文明與物質文明和諧發展的現代化國家，並專注於推展與全世界都能共享的光榮，再創造第三波奇蹟，讓全人類都能同受其恩澤。

台灣未來的價值，我看到的是「台灣——全人類的心靈故鄉」，因此台灣有很大的潛力，現在我們要自己去發現它。讓台灣走出去，世界走進來！讓世界看到台灣的價值，這是生活在這塊土地上的每一個人共同的願望。感恩有高善老師的加持，讓我相信，只要有使命與願景，哪怕僅只有一滴水珠，其力量也可以有如波濤般洶湧；哪怕僅只有一絲剎那的光芒，其能量也能撼動人心。

最後，祝福高善老師讓大家過得更好的心願，能早日實現。

見證分享1：淨化身心靈，是改善環境污染的開始／吳金輝

（中華世界佛教協會祕書長）

我與高老師認識在二〇一六年九月草屯千手觀音法會時，那場法會是應中華世界佛教協會理事長王添丁之邀，要我代表前往草屯參加，詳細地點由顏華堅先生與我連繫。我從台北搭乘統聯客運直達台中朝馬轉運站，當時我邀請我部隊老同事和志剛來接我，上車後，我問到了地址，告訴他，他聽完問立刻問我，「是不是『千手觀音』高善高老師？」我說，「不知道。」他要我打回去問問是不是，我打電話去確認後，果然是「千手觀音」高善高老師。

這位部隊老同事和至剛說，他不但認識高老師，還跟高老師一同潛修過。於是我們前往高老師處，順道接了另一位邱順清的老同事，三人一同前往草屯道場。

在途中，我問至剛是怎麼認識高老師的。他說，他退休後，在草屯一所中學服務時認識高老師。他還告訴我，高老師年輕時受過嚴重的傷，差點沒命，當他醒來時，身旁有座千手觀音，他頓悟了千手觀音轉世的使命要他傳承，因為他已經領悟到人生最痛苦、最難忍受的是什麼，以及面對這種絕境要如何協助解決。之後高老師不斷進修潛行，藉千手觀音的能量傳達給需要的人，幫助他們修復人生。

到達道場後，在法會開始時，高老師將手掌貼到我的額頭，此時一股電流湧入眼前，光芒四射成網狀，讓我想起四年多前，我中風時，施大哥用電幫我打通血路的情形。高老師能藉由能量產生電流打通經絡，真是不簡單，想起「久病成良醫」之說，果真不錯。高善老師在千手觀音的指示下，經過不斷的自我修行，果真悟出能量的運用方法，加上個人的經歷與遭遇，又悟出了一套修復的本能，並將之用於行善社會。

中華民族本是禮儀之邦，百善孝為先，從小我們就被教導要整齊清潔，但現代環境污染的程度，使我們居於百病根源的環境，所以，我們首先要去除污染，創造綠色環境，大自然的空氣、水、土壤，都需要我們共同維護，這也是健康的基本條件；其次，要杜絕化學藥劑，中國自古都是以草藥治病，我們要回歸大自然，讓我們為全民健康而共同努力！加油！加油！

見證分享２：追隨老師，持願慢行／顏華堅

（中華道學發展協會創會理事長）

富樂二代，善家逢變，病禍瀕死，料未能生，幸菩薩現，內調骨整，賜命賜異能，然恃能而傲，逆道退轉，菩薩再憫，令悔思閉關，終悟觀音為何示現千手千眼十一面。

三載斂修終得償。

秉持至德至善推大孝，千手千眼，濟世度救今後行，倡導觀音菩薩法界觀音法，

期盼異能導人真修行。

這是我心目中的高善老師。

認識高老師是：推行「孝行三六八」行至員林高農時。

追隨是：與王炯明理事長，經過長時間思考、觀察、試煉後的決定。

隨中華道學發展協會王炯明理事長一起推行孝道由來已久，發願至三六八鄉鎮區，義放孝道電影，雖然義演了十幾場，卻一直達不到一定的成效，更別說募集資源及共襄盛舉了。

與高老師多次接觸後，發覺發願行觀音法門及宣導觀音菩薩法界的高老師，竟同我們有同樣的思維及共同的理想。

老師秉持「孝貴養異能，異能養窮人」的古訓，認同了倫理道德由孝顯，確定了他爾後的方向，和該留下的足跡。

那就是：以菩薩所賜，至孝至善的光刀及大悲清淨水，為有緣人開啟萬善之本的孝能連結樞紐，助人醒悟與生俱來原有之孝思、孝言、孝行，進而紓解孝善中人身、心、累世今生的病苦，喚起樂善好施之善德本能，使富者奉獻助窮，窮者感恩讚神佛，積功累德，善心善事善循環，期望富者恆善，窮者富且安，而感恩信持觀音法門，共同救世濟眾，終而恆遵「大孝利他，移孝作善」之生命軌道。

這是高善老師的大願。

追隨老師，持願慢行，個人感應受益頻頻，肉身障礙的改善，微不足道；重要的是，一向貢高我慢的我，竟有了動心忍性的心得。恃才雄辯、語理咄咄的習氣，減少了，順心順事讓自己過得更平和，周遭氣場也越來越和諧，雖有許多尚待修正、警惕、努力，但可以肯定的是：

古稀之年得遇高老師是一大幸事。

而今大家一起配合「孝善心廟」的理念，開始培訓數百位孝善天使，弘揚天地主德——孝。

但願在高老師的薰陶之下，期許自比「黃金拉拉」的我，能達成「引路菩薩」的願命，則此生無憾。

見證分享3：在光啟轉化後，找到宇宙的「原心」／黃天河

後學有幸接觸些許古典典籍，隱隱約約中能感受到一絲絲天地間的一點徵兆；然這些徵兆都不足以長驅直入，打動自己內心深處的佛性。

但上天有情，在和高善老師結緣時，一到其南投草屯的道場，心中就產生了些許的感受。看到佛堂正面的千手觀世音尊相，便有了想法。

在觀世音菩薩《普門品》與《大悲心陀羅尼經》中，經文內容已然充分表達了「千手千眼」觀世音菩薩的慈心無量、普濟無量的觀世音菩薩胸懷。

觀世音菩薩發菩提心與娑婆有情，凡有因緣相結合的菩薩，皆是同修人。人們在世上，常會因外在環境等感到恐懼、害怕；也有人一遭逢危難危急，自然持誦起觀世音菩薩的佛號。此時此地的同修人猶如溺水者，不自主且下意識的抓住救命的筏木一般，心中即知自己已然得救了。俗云「家家彌陀，戶戶觀音」，可見觀世音菩薩在人

們的心中已深植。

高善老師此書，秉承了千手千眼觀世音的情懷，以助眾人回歸本體為職志。本書中兩句話即說明了其化眾有情之心的表徵：

天醫光啟轉化，是一種幫助眾生的能量，

也是一種讓身心靈覺醒的生命方式。

我在草屯道場的佛堂和高老師以言語交換心得之後，高老師提議共修，後學有幸接受到高老師「天醫光啟轉化」的點化，在麻麻的點化之後，心中浮出了一個悟性。

凡修行者，必然從眼、耳、鼻、口之關閉為生活，收束自己習慣性外放的習性，而後宇宙的能量才會聚集在自己的身上。《清靜經》有云：「人能常清靜，天地悉皆歸。」雖然知道修行應如是，然找不到歸向何處。在「天醫光啟轉化」之後，我宛如找到了宇宙的「原心」；如圓規畫圓必先找到圓心，而後可以畫出圓滿的「圓」。這個「圓」，透過不斷的實踐與修正終將「覺行圓滿」。在不間斷的力行中，有了「原心」，可以畫出無數的同心圓，而且是可以畫出無可限量的圓。所謂「放之則彌六合，卷之則藏於密。」真是法喜充滿，充滿法喜是也。

佛家偈云：「佛在靈山莫遠求，靈山就在汝心頭；人人有個靈山塔，好向靈山塔下修。」

修行在生活，生活也是修行，工作中也在修行；雖言佛性人人具足，然而習慣性發散的生活習性，常使人失去方向；尤其當人們陷入繁忙的事務，到處奔走，容易忘記或失落自我。此時，若是你有緣和高善老師結緣，高老師的「天醫光啟轉化」共修，可以協助迷茫的人們找到「自心中的佛」。有緣者往往就此發大菩提心，正即所謂「信心有多大，成就有多大」。

天醫光啟轉化祕法指引了宇宙的能量接受源，自此將心中本有的一尊本來佛、自性佛喚醒了；不會去追逐迷失在外在的耳娛聲色，反而強烈感受到在自身中建立了一個沒有煩惱、沒有妄想，風平浪靜的好歸宿。如果能持續在這充滿平和，平凡不淡的空間中，修行便是如生活般容易了。相信「三世諸佛」都有建立相同的空間，經歷千百萬劫而成就內心的真佛。

見證分享 4：這本書是轉化命運的機緣／簡立玲

（正聲廣播電台資深主持人）

因工作關係，採訪過前台大校長李嗣涔，當時他是台大電機系教授，取得國科會研究經費，正在進行人的超能力研究，手指識字、直覺力、感應力、氣場、腦波變化等，經由各項統計歸納原則。

李嗣涔教授說：「人有超能力有三個途逕，一是天生的，二是經重大意外腦部受創救回的，三是練氣功。」高善老師則是屬於第二種，而我因為好奇及實驗精神，選擇練氣功，至今近二十年！

早期我就看過很多這類文章及書籍，國外報導中也有許多驗證死亡奇蹟預言案例，當然還有我的個人體驗，了解「意識創造實相」是真實存在的。於是我走向靈性修持這條路，而獲得好運、平靜、快樂、自在。

高善老師說：「修行靈性要理性與理悟，要修自身，且修得身心越來越自在。如果你修的是啟動內在靈魂真氣，保證你會越修越健康，身體的病痛會越來越減少，生活當中的一切會越來越順利。修得一切平安，擁有無形中的保障，也會開發出大智慧，來幫助你的人生與事業道路，了解人生的真正意義，並且能完成你的天命。」這才是修練的結果！

修持的路途上，我遇見過很多奇人異士，高老師是其中之一。他善良、不誇大、不危言聳聽，他樂於助人，願意分享他特異的人生經驗，這本書或許又是我們轉化命運的機緣。

見證分享5：沒落的宮廟，圓滿的因緣／彰化芳苑鄉代天殿靈雲宮

在王功附近有一個宮廟——靈雲宮，因為謝太太的發心，靈雲宮已經服務在地眾生三十多年，後來因為辦事人員不在而逐漸沒落了。到現在，它變成了一個負擔，既無法度眾生，還變成許多人喝酒鬧事的場所。謝太太眼看靈雲宮的沒落也沒有辦法，某天神明託夢給她，說靈雲宮需要有人來接管，或者是處理掉。

剛好高善老師有個學員認識謝太太，因緣際會下，與高老師結下這個因緣。當初，謝太太希望高善老師接管靈雲宮，擔任住持或服務，但高老師聲明自己不接管道家宮廟，主要還是以善教教化人性為主。

後來，高老師接到菩薩的指示，希望高老師去靈雲宮看一下。他到現場後，非常驚訝，因為宮廟裡原來的三十幾尊神像，很多都不在了。而且原先的主事者在那裡做了些偏門的事，變成邪魔歪道分子的聚集場子；此外，還有宮廟的人事鬥爭，聚集的無形冤親債主共有九百多條，都沒有度化。

菩薩在現場透過高善老師與謝太太連結，連結完之後，高善老師表示，菩薩要介入這件事。

高善老師之前也沒有辦過這種事，這是第一次處理這麼複雜的事情，從頭到尾，他花了三個多月，從無形的每一尊神都要歸位，有的歸回天界、有的歸回哪一個宮廟；引進來的每一尊分神都要「擲聖爻」，總共三十八尊，每一尊都要「擲聖爻」同意，才能歸回哪個天界、哪個法界或哪個地方。就這樣，一步一步的處理，無形的處理歸位完之後，再來處理地靈，第三步是處理冤親債主。

靈雲宮三十幾年來，所有無形界的九百多條冤親債主，都尚未處理，高老師也一一度化掉。有形的木神像神尊，全部都安排好怎麼送出去、送去哪裡。他將有形、無形全部淨空，讓地靈歸位，才終於做了個完整的了結。那三個多月，是很殊勝的因緣。俗語說：「請神容易，送神難。」真的不簡單。

在這三個月期間，也發生很多神蹟。有一次，在霧峰，有一對夫妻在替神明辦事，但他們沒有錢，也沒有宮廟裡需要的東西。很神奇的，菩薩跟他們說，這陣子會有人找上你們，你們想要的、需要的東西，到時候都會送來。

之後他們巧遇高善老師，老師跟他們說，「你來靈雲宮看看，你看你缺什麼，靈雲宮裡所有的東西你都可以拿回去。」一連他辦事的人都不敢相信，不相信上天怎麼可能給你所有想要的東西。就這麼巧，剛好謝太太宮廟要收起來，宮廟裡的東西全部都要給他。有石獅、爐、鼎、殊聖的佛像⋯⋯，加一加好幾百萬。就是這樣的一個因緣，事情最後圓滿解決。

附錄：光啟轉化祕法——基本功的技巧與方法

光啟轉化祕法是強健和平，平衡身心的鍛鍊方法，是轉化身、心、靈，提升三脈七輪的基本動作，也是修行打底的工夫。

第一光啟轉化的梵音，是至高無上的宇宙神祕之音，「唵嘛呢唄美吽」的「唵」。藉由吟唱古老的靈性能量梵音，與宇宙最高能量透過共振頻率相連結，微調平衡一個脈輪，升至更高的頻率、更活絡的狀態之下，解除內在的障礙，打通氣脈，提升心靈層次，達到明心見性的喜悅。藉由梵唱的方式，讓我們內在的小宇宙連結大宇宙，合而為一，自然而然進入當下的寧靜，感受生命，更啟發我們對神性的臣服。

Aum（發 om 音）的含意

「唵」為宇宙一切萬物的起源象徵，在古印度文化靈性的文獻《吠陀經》和曼圖加的《奧義書》，均有詳細討論此神聖的梵音。「唵梵唱」轉化，具有正向善含意和進入靜定的功能，每次練習都要以「唵靜心」練習開始和結束。

「唵」是外在感官和內在心性的銜接橋梁，藉由發出「唵」的聲音，喚醒我們更多的內在靈性力量。配合體位法的梵唱，不單只是肢體動作、呼吸的練習和「唵」的聲音，協助內在力量與愛的能量轉化，提升心靈 。也藉由此「唵」的聲音感受音頻，在腹腔、胸腔、頭部內在的不同共振頻率。

後述

筆者所創的天醫光啟轉化祕法，是一種具有世界性、新時代性的靈性研究，也可以說是國內創新的身心靈光啟轉化祕法。此祕法發掘並啟動人類的靈光體，以及轉化人的習性業力，是一種結合過去諸神佛菩薩與先人所記載的靈修理論，並重新整理、完善，讓現代人能明確的了解。中華民國南投縣草屯鎮和興三街三十六號，及宜蘭悟元身心淨化園區、金門千手觀音道場，已經漸漸成為二十一世紀追求靈學能量真理的中心，啟動現代人的靈性覺醒，轉化人類的習性業力，並以發揮救世度人的精神為宗旨，將觀音菩薩法界天醫光啟轉化祕法公諸於世，來揭開宇宙的真理以及探討人生來世的意義。

天醫光啟轉化祕法，是探尋靈界與無形精神、探索生命奧祕的研究。現代學術領域的靈性研究，和筆者的靈性研究相比，其意義大同小異；但和哲學、科學、醫學和其他各領域研究的靈性精神，發揮出來的能力有所不同。希望經由天醫光啟轉化祕法的公諸於世，能利益更多人群，並將研究傳給下一輩的人去研究。

天醫光啟轉化研究是一種靈學的學術，跟一般的宗教性靈學不一樣，宗教的修持與戒律，是以教人修身養性以及勸世道理為宗旨，而我們和靈界的修行，則是基於古代流傳下來的祕法。若修研天醫光啟轉化祕法，花半年的時間，每天持續不斷的修為這個法門，便能啟發我們的靈性，轉化我們的習性與業力。這就是最好的自然學術研究，更是一門解決現代人的身心靈問題，更能開發人的潛在特殊能力——就是靈性。

人的靈光原本具足，充滿智慧，這原本具足的靈性，被我們累劫累世的因果業力所覆蓋，更有甚者，自古聖賢、仙人、宗教家、靈修者窮其心力，期望能追尋開啟的人體奧妙玄機，也因此被覆蓋住。

但是自古以來，無論中外，僅有極少數人能發出人體靈光，進而有轉化的契機，了悟人生的意義、生命的真諦。現今人們所處的環境極為複雜，人類本身的思緒極為紛亂，若未能遇到流傳的古法或是修持的祕法，根本不可能達到靈光的境界。即使遇到流傳下來的智慧經典，也可能殘缺不全，若未能遇得名師領導，很難達到目的。但一般靈修者持守著流傳的祕法，卻不知道該如何因應時代潮流改進，靈修界無法強而有力改變環境使人們更幸福更快樂、解脫疾病，反而有人因為不正確的使用靈修、靈界的修持方法，而傷害精神與肉體。

筆者所創的天醫光啟轉化祕法，目的在幫助人類離苦得樂。天醫光啟轉化祕法的修持方法簡單、有效、安全、快速，相當適合現代人。開啟人的光體靈光並轉化習性業力，得到自由自在的解脫，使現代人在今世也能顯現自身具足的奧妙能力，開啟人本具足的靈性光體，一一化解人生的難題，開啟大智慧、脫離苦海。生命因此昇華而能了解生命的真諦與人生的意義，才能探尋宇宙的真理。

筆者期望靈修同道與先進，能共同來發展人類靈性的光啟，共同解除人們的偏見，消除人們的苦悶與沉淪，為人類重新建立精神依歸，去惡從善，服務人群，復興中華文化的倫理道德，進而達到天人合一的使命，為促進世界大同和平而努力。

【天醫系列 2】

天醫光啟轉化生命覺醒

作　　者／高善禪師
美術編輯／中朗創意
責任編輯／張雅惠
企畫選書人／賈俊國

總 編 輯／賈俊國
副總編輯／蘇士尹
資深主編／吳岱珍
編　　輯／高懿萩
行銷企畫／張莉滎．廖可筠．蕭羽猜

發 行 人／何飛鵬
出　　版／布克文化出版事業部
台北市中山區民生東路二段 141 號 8 樓
電話：（02）2500－7008 傳真：（02）2502－7676
Email：sbooker.service@cite.com.tw
發　　行／英屬蓋曼群島商家庭傳媒股份有限公司城邦分公司
台北市中山區民生東路二段 141 號 2 樓
書虫客服服務專線：（02）2500－7718；2500－7719
24 小時傳真專線：（02）2500－1990；2500－1991
劃撥帳號：19863813；戶名：書虫股份有限公司
讀者服務信箱：service@readingclub.com.tw
香港發行所／城邦（香港）出版集團有限公司
香港灣仔駱克道 193 號東超商業中心 1 樓
電話：＋852－2508－6231　傳真：＋852－2578－9337
Email：hkcite@biznetvigator.com
馬新發行所／城邦（馬新）出版集團 Cité（M）Sdn. Bhd.
41, Jalan Radin Anum, Bandar Baru Sri Petaling,
57000 Kuala Lumpur, Malaysia
電話：＋603－9057－8822　傳真：＋603－9057－6622
Email：cite@cite.com.my
印　　刷／卡樂彩色製版印刷有限公司
初　　版／2017 年（民 106）07 月
售　　價／300 元
© 本著作之全球中文版（含繁體及簡體版）為布克文化版權所有．翻印必究

城邦讀書花園 www.cite.com.tw
布克文化 WWW.SBOOKER.COM.TW